육아 스트레스,
나는 괜찮을 줄 알았습니다

육아 스트레스, 나는 괜찮을 줄 알았습니다

초판 1쇄 2021년 02월 23일

지은이 김륜희 | **펴낸이** 송영화 | **펴낸곳** 굿웰스북스 | **총괄** 임종익

등록 제 2020-000123호 | **주소** 서울시 마포구 양화로 133 서교타워 711호

전화 02) 322-7803 | **팩스** 02) 6007-1845 | **이메일** gwbooks@hanmail.net

ⓒ 김륜희, 굿웰스북스 2021, *Printed in Korea*.

ISBN 979-11-972750-9-8 03590 | 값 15,000원

육아 스트레스,
나는 괜찮을 줄 알았습니다

김륜희 지음

엄마의
자존감 키우는
8가지 습관

쌍둥이 엄마
육아 스트레스
해소법

GET OUT! 육아 스트레스!

"남들 다 하는 육아인데 왜 나는 어려울까?"

굿웰스북스

안녕하세요. 『육아 스트레스, 나는 괜찮을 줄 알았습니다』의 저자 김륜희입니다. 저는 쌍둥이 엄마입니다. 지금의 남편과 3년 연애 끝에 26살의 나이에 결혼했습니다. 하지만, 10여 년 동안 아이가 생기지 않았습니다. 결국 병원에 찾아갔고, 난임 판정을 받았습니다.

시험관 시술을 한 후 소중한 쌍둥이 아이들을 임신했습니다. 아이들과 행복한 나날을 꿈꾸었습니다. 하지만 저의 예상은 보기 좋게 빗나갔습니다. 현실 육아는 참담했습니다. 처음 겪어 보는 육아인 데다 한꺼번에 두 명이 나오니, 모든 고충이 두 배로 느껴졌습니다. 매일 분유 먹이고 기저귀 갈고의 연속이었습니다. 하루 종일 아이들과 집에서 씨름했습니다. 그러니 점점 우울해지는 날이 많았습니다. 무기력해지고 아무것도 하고 싶지 않았습니다.

시간이 흘러, 아이들의 자는 시간이 늘어났습니다. 평일에는 돌봄 선생님께서 오시게 되었습니다. 그리고 저만의 시간이 생겼습니다. 시간이 생기니 기분이 조금씩 나아졌습니다. 책도 읽고 산책도 하며 잃었던 자신감도 회복하였습니다. 그러곤 자신을 위한 삶도 필요하다고 생각하게 됐습니다. 유명한 작가의 유튜브를 보며 '작가'가 되어 보고 싶다는 꿈을 키워 나갔습니다. 그리고 그 꿈은 현실이 되었습니다.

『육아 스트레스, 나는 괜찮을 줄 알았습니다』에는 제가 아이를 키우면서 겪은 어려움을 적었습니다. 또한, 육아 스트레스에서 어떻게 벗어날 수 있었는지, 무너진 자존심을 회복하기 위한 어떤 방법이 있는지를 이 책에 담았습니다. 책을 읽고 글도 쓰며 일상에 감사한 마음을 내었더니 저에게 좋은 일들이 일어나기 시작했습니다. 남편과도 사이가 좋아지고 감사할 일도 더욱 많이 생겼습니다. 지금 아이를 키우며 힘든 나날을 보내고 있을 엄마, 아빠들에게 위로와 응원의 글이 되었으면 합니다.

사랑하는 내 남편과 부모님, 나에게 찾아온 귀한 쌍둥이 아이들 그리고 나를 응원하고 도와주신 모든 분에게 감사의 마음을 전합니다.

23살 풋풋한 나이에 나는 피부과에서 일하고 있었다. 같이 일하던 친한 언니가 소개팅 약속이 잡혔다고 했다. 아는 오빠가 언니에게 소개팅을 해주기로 했다는 것이다. 혼자 소개팅에 나가기 어색하니, 나와 함께 가자고 했다. 특별한 약속이 없던 나는 흔쾌히 수락했다.

언니는 먼저 약속장소에 나와 기다리고 있었다. 나도 같이 합류했다. 나를 제외하고 친한 언니, 주선자, 소개팅남 이렇게 자리를 함께하고 있었다. 인사를 주고받았다. 소개팅남의 인상을 보니, 언니가 좋아하는 타입은 아닌 것 같았다. 어색한 분위기를 돌리기 위해 술과 안주를 시켰다. 그리고 서로를 소개해주며 술자리를 이어갔다.

나는 옆에 있는 주선자에게 눈길이 갔다. 주선자는 병원에서 일하고 있었다. 방사선사라고 하였다. 귀여운 인상에 오똑한 코를 가졌다. 술자리를 하며 이야기를 나누니 재미있었다. 시간은 빨리도 지나갔다. 하지만 소개팅이 둘의 만남까지 이어주진 않았다. 알고 보니 소개팅남은 따로 좋아하는 여자가 있었다고 한다. 친한 언니도 자기 스타일이 아니었다고 했다.

6

며칠이 지나고, 주선자인 N오빠는 친한 언니에게 돈가스를 사주겠다며 나오라고 했다. 나도 같이 사주겠다고 해서 함께 나갔다. 그날은 N오빠의 월급날이었다. 먹고 싶은 게 있으면 마음껏 먹으라고 했다. 그러곤 다음에 친구들과 함께 가까운 곳으로 놀러 가자고 했다. 다들 찬성했다. 돈가스를 먹은 후 우리는 노래방에 갔다. N오빠는 고유진의 〈걸음이 느린 아이〉를 선택했다. 그리고 노래를 부르기 시작했다.

'어머, 웬걸….'

중저음에 노래까지 잘 부르니 멋있어 보였다. 하지만 그 오빠는 나에게 관심조차 없어 보였다. 그렇게 시간을 보내고 밖에 나왔다. 오락실 앞에 나와 있는 펀치를 하겠다며 기계를 향해 펀치를 날렸다. 점수는 뭐…. 보통이었다. 그러던 중 갑자기 N오빠는 집에 가야겠다며 쏜살같이 사라졌다. '이건 무슨 상황이지?' 하며 우리는 어리둥절하며 헤어졌다.

그리고 다음 날 N오빠는 문자로 사진을 하나를 보내왔다. 손에는 깁스를 하고 있었다. 알고 보니 펀치를 하던 중 엄지손가락이 부러졌다고 했다. 괜찮냐며 문자를 주고받았다. 그동안 개인적으로 연락하지 않았었다. 깁스한 사진을 보내오면서 연락을 자주 하게 되었다. 그리고 2주일이 지났다. 제부도로 함께 놀러 가기로 했다. 물론, 나 혼자 말고 다른 친구들과 같이 말이다.

그렇게 친한 멤버 5명이 토요일 회사를 마치고, 제부도로 놀러 가게 됐다. 날씨도 좋고 기분도 좋았다. 이런저런 이야기꽃을 피웠다. 그리고 제부도 초입에 들어섰다. 점심때가 넘어 다 같이 칼국수 한 그릇 먹기로 했다. 칼국수를 먹고는 마트에 들러 장도 봤다. 그리고 숙소 펜션에 도착했다. 짐을 풀고 농담해가며 다 같이 드라마를 시청했다. 그리고 나머지 멤버들은 피곤하다며 잠을 청했다.

잠이 오지 않던 나와 N오빠는 술을 한잔 먹기로 했다. 이런저런 대화를 이어나갔다. 그러다 보니 술이 동이 났다. 아쉬운 마음에 슈퍼에 가서 간식과 술을 더 사 오기로 했다. 그날 일기예보엔 초강력 태풍 '나비'가 우리나라를 지나가고 있다고 했다. 밖에 나가니 바람이 격렬하게 불어 닥쳤다. 우리는 우산을 함께 쓰고 태풍을 헤쳐가며 근처 슈퍼에 도착했다. 필요한 것들을 사고 다시 숙소에 도착했다. 우리는 다시 이야기꽃을 피웠다. 내가 이야기를 할 때면 어금니가 다 보일 정도로 "하하하!" 하며 웃어댔다. 그 모습이 참으로 매력적이었다.

그렇게 시간을 보내고, 다음날이 됐다. 창문을 바라보니 그날은 유난히 아침 햇살이 밝게 빛나 보였다. 나도 모르게 웃음이 났다. 숙소를 정리하고 짐을 챙겨 밖으로 나왔다. 차를 타고 각자 집으로 가기로 했다. 차를 타고 달리고 있으니, 속도 안 좋고 배도 고팠다. 아니나 다를까 N오빠가 해장도 할 겸 점심을 먹자고 의견을 냈다. 나는 당연히 찬성했다. 하지만 다른 멤버는 별로였는지 그냥 가겠다고 했다. 우리 둘은 남아서 점심을 먹었다.

　점심을 먹고 헤어지려고 하던 찰나였다. N오빠가 나에게 말했다. "이렇게 헤어지려니 아쉽네…" 하고 말이다. 그리고 얼마 후 그 오빠는 나에게 고백했다. 그리고 우리는 3년간의 연애 끝에 결혼하게 되었다. N오빠는 지금의 남편이 됐다.

목차

2장

 육아 스트레스,
나는 괜찮을 줄 알았다

3장

 엄마의 자존감을 키워주는
8가지 습관

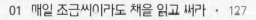

4장

육아 스트레스에서
완벽하게 벗어나는 법

5장

오늘도 아이에게
화내고 소리 지른 당신에게

1장

아무것도 하기 싫고
하루 종일 피곤한 나

01

아무것도 하기 싫고
하루 종일 피곤한 나

"축하합니다! 임신하셨습니다."

'내가 아이를 임신했다고? 아이가 생겼다고? 결혼한 지 12년 만에 아이를 갖다니!'

나는 2번의 인공수정 실패 후 한 번의 시험관 시술로 아이를 갖게 됐다.

"어머, 여기 밑에 보이시죠? 아이가 더 있네요! 쌍둥이를 임신하셨습니다!"

헉! 내가 쌍둥이를 임신하다니!! 기쁘고 놀라웠다. 적은 나이도 아닌데 한 꺼번에 둘을 키우게 되니 더 잘된 일이었다. 하지만 아이가 나오는 순간부터 내 생각과 전혀 달랐다.

아이를 배 속에 품은 지 37주 만에 수술대 위에 올라가 눈을 감았다. 그리 고 눈을 떴을 땐, 천장에 있는 조명등의 핏자국이 선명하게 나를 반겼다. 내 피가 튄 것이었다. 다행히 아기들은 무사히 잘 나왔다는 소식을 전해 들었다. 드디어 엄마가 되었다.

몸을 회복하기 위해 회복실로 들어갔다. 자궁수축이 되지 않는다며, 자궁 수축 주사를 놔주었다. 그 이후 온몸이 파르르 떨리더니 턱이 너무 떨려 닫 히지도 않았다. 뭔가 잘못된 것 같아 무서웠다. 잠시나마 '내가 애를 왜 낳는 다고 해서는…' 후회가 밀려왔다. 그런데 두 아이의 얼굴을 보는 순간, 그런 마음이 확 사라졌다. 내 아이라 그런지 너무 예쁘고 사랑스러웠다. 가슴이 뭉클거리며 심장이 뛰었다. 평생 내 목숨같이, 소중하게 키워야겠다는 생각 이 들었다. 그렇게 나의 현실 육아가 시작됐다.

2주간의 조리원 생활을 끝내고, 집에 오자마자 일이 생겼다. 늦은 밤, 큰아 이 체온을 재니 38도가 넘은 것이다. 신생아 온도가 38도가 넘어가면 위험하 다. 응급실을 가야 하나 말아야 하나 우왕좌왕했다. 아기에게 큰일이 날 것

육아 스트레스, 나는 괜찮을 줄 알았습니다

만 같아 무서웠다. 우선 열을 내리는 게 급선무이기 때문에 배냇저고리를 풀었다. 열은 높지만 잘 먹고, 의식은 있었다. 늦은 밤, 곤히 자는 작은아이를 같이 들쳐 메고 병원에 가는 데는 큰 용기가 필요했다. 수시로 열 체크를 했다. 몇 도 차이로 내 마음은 온탕과 냉탕을 오갔다.

이내 아침 해가 밝아왔다. 아침이 된 후 산후조리 도우미 분이 오셨다. 오자마자 인사할 겨를도 없이 작은아이를 부탁했다. 그러곤 큰아이를 안고 동네 병원을 향했다. 부랴부랴 동네 의원에 도착했는데, 동네 의원에서는 신생아의 열이 높으면 받지 않는다고 했다. 한시가 급한데, 다시 내가 수술한 병원으로 발걸음을 돌렸다. 그곳도 신생아 열이 38도가 넘으면 받지 않으니, 옆에 있는 대학 병원을 가라고 하였다. 초보 엄마 아빠는 이러한 사실도 모르고 급해서 아무 병원이나 간 것이다.

그렇게 대학 병원에 도착하니, 우선 옷을 다 벗겨놓고 소변 검사를 하자고 했다. 나는 '신생아인데 옷을 너무 벗겨놓는 거 아냐, 추워서 더 아프면 어쩌지…' 하는 생각이 들었다. 그래도 의사 선생님 말씀에 따랐다. 만약 열이 내리지 않고, 소변 검사에도 이상이 없으면 종합 검진을 해야 한다고 했다. 순간 '아이가 입원하면 어떡하지? 작은아이도 보살펴야 하는데 어쩌지?' 하는 두려움이 밀려왔다. 몇 분 동안 하염없이 기도했다.

'제발, 열이 내려 아무 이상 없기를…'

잠시 후, 기운 없이 축 늘어졌던 아이가 기운을 차렸다. 흐릿한 눈빛도 또랑또랑해졌다. 소변 검사도 이상이 없었다. 의사 선생님이 아이가 너무 더워서 열이 났다고 했다. 그러니 집에 가서 시원하게 해주라고 하셨다. 정말 다행이었다.

그러고 보니 조리원에서 나와 에어컨을 켜고 있는 모습을 영상통화를 통해 부모님께 보여드렸다. 영상통화를 하자 "아이가 너무 추운 거 아니냐? 에어컨 바람 쐬면 안 된다. 감기 걸리면 어쩌려고 그러냐?"라고 했다. 나는 모든 게 처음인 육아인지라 육아 선배님인 부모님 말씀에 따랐다. 에어컨도 끄고 아이를 꽁꽁 싸매고 있었다. 조리원에서 그렇게 22~24도가 최적 온도라고 알려줬는데도 말이다. 역시 전문가가 하는 말은 괜한 소리가 아니었다.

그런 일이 있고 난 뒤, 본격적인 육아 전쟁이 시작되었다. 정말 눈, 코 뜰 새 없이 바빴다. 2~3시간마다 두 아이가 돌아가면서 배고프다고 우는 통에 정신이 혼미했다. 트림도 시켜야 했고, 하루에 수십 번 기저귀도 갈아줘야 했다. 뭐든지 2배로 해야 했다. 그러다 동시에 배가 고프다고 울면 그야말로 멘탈이 나갔다. 동시에 수유 시간이 겹칠까 두려워지기도 했다. 남편은 직장에 출근해야 하니, 당연히 내가 불침번을 해야 했다. 매일 밤 뜬눈으로 지새우며,

베란다 창밖으로 뜨는 새벽녘 해를 맞이했다. 그런 날들이 지나갔다.

그렇게 육아에 지친 주말이었다. 이유 없이 기분이 안 좋고 무기력하다. 남편이 말을 걸어도 대꾸조차 하고 싶지 않다. 피곤한 채로 밤새 육아를 했는데 옆에서 잔소리하는 남편에게 친절하게 대답해줄 여유도 없다. 거울 속을 들여다보니 언제 이렇게 나이가 들어버렸나 싶다. 검정 머리카락들 사이로 없었던 흰머리가 한두 개씩 보이기 시작한다. 머리는 감지 않아 기름져 있고, 얼굴은 푸석푸석 꼬질꼬질하다. 신혼 시절엔 생각지 못했던 거울 속 내 모습이 낯설었다. 잠깐 시간이 날 때 씻어야 하는데 몸은 쉽사리 움직이지 않는다.

'그동안 열심히 육아에 매진했기 때문에 체력적으로 한계가 온 걸까?'

몸이 축 늘어진다. 아이들에게 모유를 먹이려면 유축도 해야 한다. 하지만 너무나 귀찮다. 30분 정도를 유축기와 씨름을 해야 하니 말이다. 그래서 그냥 침대에 누워버렸다.

문득 조리원 친구 A가 생각났다. 조리원에 있을 때도 아기에게 모유를 먹이려면 시시때때로 유축을 해서 가져다줘야 한다. 그중에 가장 유축 하기 힘든 시간은 당연히 새벽이다. 그래도 나는 초유를 먹이기 위해 새벽에 일어나 열심히 유축을 했다. 다음 날 아침, 엄마들끼리 모여 유축에 대한 괴로움을 토로했다.

"새벽에 유축하기 너무 힘들지 않아요? 졸리고, 몸도 아픈데 일어나서 유축을 해야 하니…"
"맞아요, 그 시간에 더 자고 싶어요."

그런데 그중 A라는 친구는 자느라 새벽에 유축을 한 번도 안 했다는 것이다. 다들 놀란 토끼 눈을 하며 "그럼, 가슴이 아프지 않아요?" 하고 물었다. A는 "전 괜찮던데요." 하며 호탕하게 웃었다. 그리고 낮에 모유 양도 충분해서 괜찮다는 것이다. 엄마들은 좋은 체질을 타고났다며 부러워했다.

나는 모유를 끊기 전까지 새벽 유축을 안 한다는 건 생각지도 않았다. 하지만 몸이 피곤하니 건너뛰는 건 예사였다. 오늘도 그런 날이다. 한두 시간 잤을까. 가슴이 땡땡하게 부어올랐다. 엄마로서 살아간다는 건 왜 이렇게 피곤할까? 아무것도 하기 싫은 주말이다. 너무 갑자기 어른이 된 것 같다. 수면 부족은 짜증을 유발하고 스트레스를 증가시킨다고 한다. 그리고 자신감마저 떨어뜨린다. 이때 해결할 방법은 잠을 자는 것이다. '아, 밤에 푹 한번 자보고 싶다.'

이런 생각에 잠긴 것도 잠시, 아기들이 나에게 놀아달라고 한다. 도대체 뭘 하고 놀아줘야 할지 모르겠다. 말도 안 통하는 아이들을 보고 있자니 스트레스만 쌓여간다. "너희들끼리 놀면 안 되겠니? 그냥 둘이 좀 놀아라." 하고 뒤돌아 누웠다.

뒤돌아보니 이런 내 모습이 미워진다. 누구보다도 사랑스러운 아이들인데 사랑의 감정을 온전히 나눠주지 못하는 것 같아 미안하다. '이러다가 혹시 애착 형성에 문제가 생기는 건 아닐까? 안 놀아주는 나는 나쁜 엄마인가?' 걱정과 불안감이 밀려온다. 피로가 누적되니 머릿속 모든 생각이 비관적으로 흐른다. 그러나 몸은 움직이기 싫고 스트레스와 불만은 쌓여간다.

02

육아 우울증일까,
번아웃일까?

어느 순간 스트레스는 내가 감당할 수준을 넘어섰다. 꼿꼿했던 허리는 끊어질 듯 아프고, 앉았다 일어나기만 하면 무릎에서 우두둑 소리가 났다. 목도 못 가누는 아이에게 수유하려고 머리를 받칠 때면, 손목이 시큰거렸다. 멍하니 있는 시간도 많아졌다. 모빌에서 나오는 멜로디가 그렇게 구슬플 수 없다.

아이를 잘 돌봐야 한다는 부담감 때문인지 나는 점점 더 무기력해져갔다. 그리고 이유 없이 눈물 흘리는 날이 많아졌다. 잠시 쉬려고 방에 들어갔는데 눈물이 났다. 설거지하다가도 눈물이 주르륵 났다. 영문도 모른 채 흐르는 눈물을 재빨리 닦아내야 했다.

'어머, 내가 왜 이러지? 귀여운 아이들과 함께 있는데 왜 갑자기 눈물이 나지?'

저녁이 되었다. 아이들이 자야지 나도 잘 수 있다. 아이가 안 자고 칭얼거리면 짜증이 밀려왔다. 그럴 때면 안고 있는 아이를 째려보며 "엄마, 팔 아프니까 어여 자!!" 하고 단호하게 말했다. 그래도 안 자고 보채면 "아, 진짜! 빨리 안자? 빨리 자라고!!!" 하며 윽박지르기 일쑤였다. 서럽게 우는 아이들을 보면 내가 너무 못된 엄마 같아 죄책감이 들었다.

한바탕 씨름하고 나니, 아이들은 잠이 들었다.

'겨우 잠들었네. 아, 다음에는 또 어떻게 재우냐…'

매번 아이들을 재우는 게 나에겐 큰 숙제였다. 그래도 곤히 잠든 아이들의 얼굴을 보니 너무 사랑스러웠다. 애들은 잘 때가 제일 예쁘다는데, 정말 맞는 말이다. 하지만 그 생각도 잠시뿐… 아이들이 깨서 울기 시작한다. 망했다… 나두 함께 울ㄱ 싶다 잠시 후, 남편에게서 전화가 왔다. 미안하지만 회식하고 늦게 들어온단다. 기분이 상했다. '나도 밖에 나가서 시원하게 맥주 한잔 먹고 싶은데… 누구는 놀 줄 몰라서 안 나가나?' 하는 생각이 들었다. 아이를 낳고 나니 밖에 나가기는커녕, 모유를 끊기 전까지 술을 먹는다는 건 꿈도 꾸지 못할 일이다. 자유롭게 돌아다녔던 예전이 그리워졌다. 집에서 아이들과 씨름하고 있는 내 모습을 보니 우울감이 밀려온다.

밤에 조리원 친구들이 있는 메신저를 들여다보았다. 한 친구는, 아이가 잠을 너무 많이 자서 심심하다고 했다. 그래서 뜨개질을 시작했다고 한다. 나는 씻을 시간도 없고 너무 힘든데 뜨개질할 여유가 있다니…. 놀랍고 내심 부러웠다. '나만 이렇게 정신없고 힘든 것인지…' 하는 생각이 들었다.

늦은 시간 단체 메신저를 볼 때면 벌써 대화창의 이야기는 마무리되어 있었다. 그러면 나만 동떨어진 듯한 소외감을 느꼈다. 점점 사람들 만나기도 싫어졌다. 가끔 친구가 보자고 하면 그 시간에 조금이라도 쉬고 싶어졌다. 만나서 수다도 떨고 싶지만 그럴 체력조차 남아 있지 않았다.

아이들이 이유 없이 울거나 짜증을 내면 육아 스트레스의 괴로움은 더욱더 커졌다. 때론 '이렇게 살아서 뭐 하지?' 하는 극단적인 생각이 들기도 했다. 그러다가 다시 애들 얼굴을 보니 미안함과 죄책감이 밀려왔다. 내가 혹시 말로만 듣던 '육아 우울증인가?' 아니면 너무 힘든 육아로 인한 '번아웃 증후군인가?' 하는 생각이 들었다.

육아 우울증은 스트레스가 주된 원인이며, 신체적이나 환경적 요인 등 다양한 이유로도 우울증이 발생한다고 한다. 특히 혼자 육아를 할 경우나 아프고 보채는 아이들을 돌볼 경우, 또는 열등감이 심하거나 부정적인 감정조절이 어려울 때 우울증 발병으로 나타난다. 증상으로는 불안감이나 죄책감, 수면저하 등이 있다. 하루 종일 우울한 감정이 반복되거나, 즐거운 일이 없다고 생각하게 되고, 자신이 무가치하게 느껴지거나 죽음에 대해서도 생각하게 된다. 이러한 육아 우울증은 일상생활에 영향을 미치므로 특별한 주의가 필요하다.

번아웃 증후군이란 연료를 다 쓰듯이 소진되어 의욕적이고 열정적인 사람이 심한 피로감을 느끼고 무기력해지는 것을 말한다. 번아웃 증후군은 다양한 사람들에게 나타나지만, 육아하는 부모에게 많이 나타난다. 육아에 대한 후회가 많아지고, 집중이 안 되며 부정적인 생각을 하는 현상이 나타난다. 이러면 심한 우울 상태에 빠질 수 있다고 한다.

나는 육아 우울증과 번아웃 증후군 사이를 줄다리기하고 있었다. 끊임없는 육아 속에서 자책과 무기력함을 반복하고 있었다. 엄마라는 이름 속에 나

자신은 없어진 것만 같다. 더 행복해지기 위해 시작한 육아인데, 피곤해 죽겠다는 소리만 나온다.

인터넷 서핑을 하다가 육아에 대한 고통을 호소하는 글이 올라와 있었다. 120일 된 남매 쌍둥이를 키우고 있는 엄마였다. 직장 생활을 하며 여행도 다니고 나름 행복하게 지내고 있었다고 한다. 어렵게 시험관으로 가진 아이들인데 '지금은 왜 이러고 있나?' 하며 후회한다는 내용이었다. 아기가 계속 울면 걱정되는 게 아니라 화가 난다고 했다. 하루에도 예뻤다가 미웠다가를 반복하며 힘들다는 내용의 글이었다.

누가 내 이야기를 적어놓은 것 같았다. 너무나 공감이 갔다. 나 역시 쌍둥이 엄마로서, 행복한 육아를 꿈꿨지만, 현실 육아에서 이렇게 무너지고 있으니 말이다. 하지만 댓글은 나를 더 심란하게 만들었다.

"갈수록 더 힘들어요…. 나중에는 영혼까지 털린답니다…."

나는 좌절하고야 말았다.

TV 프로그램 〈신박한 정리〉를 보게 되었다. 아들들을 위해 키즈 카페처럼 집을 꾸미고 싶다고 의뢰한 정주리 씨가 나왔다. 세 아이를 키우며 엄마로서의 바쁜 나날을 보내고 있었다. 정주리는 매일 같이 전쟁과 같은 육아에 시달리고 있었다. 또 집안일과 정리에 치여 힘들어하는 모습을 보여줬다. 아들 셋을 키우는 고충을 토로하며, 유난히 피곤해 보이고 지쳐 있는 모습이 방영되었다. 세 아들을 키우며 가장 힘든 일이 무엇인지 묻자 "체력이 따라주지 않고, 몸이 힘드니까 마음도 예민해진다."라고 답했다. 그리고 결국 깔끔하게 정리된 집을 보고는 끝내 울음을 터트렸다. 방송을 보니 그 심정이 충분히 이해가 갔다. 매일 똑같이 반복되는 일상에서 가족만 보고 열심히 달렸으니 말이다.

며칠 전 친한 언니가 집에 놀러왔다.

"나 둘째 낳고 너무 힘들어서 우울증 왔었잖아."
"네? 언니가요?"

처음 듣는 이야기였다.

"정신과 병원에 찾아가 상담도 받고, 약 처방도 받았었어."
"지금은 괜찮아졌어요?"
"어, 다행히 많이 좋아졌어."

당연히 잘 지내고 있을 거라 생각했는데 그런 일이 있었다니, 너무 안쓰러웠다.

또 다른 내 친구는 모유 수유를 하면서 힘들었던 고충을 나에게 털어놨다. 1여 년 동안 모유를 먹이니 음식을 가려먹어야 하는 것에 대한 고충이었다. 빵을 워낙에 좋아하는 친구이다. 하지만 밀가루나 크림이 많이 들어간 음식을 먹으면 유선염에 걸릴 확률이 높아진다. 그래서 한동안 빵과 케이크 종류는 멀리해야만 했다. 밝고 긍정적인 친구마저도 힘들게 하는 육아라니… 역시 현실 육아는 만만치 않은 것이다.

사람은 누구나 스트레스를 받기 마련이다. 좋아하는 일이나 취미활동을 해도 과하면 스트레스가 된다. 하물며 희생을 요구하는 육아는 현대인의 우울증의 가장 큰 원인으로 작용할 수밖에 없다. 특히 아이들은 하얀 도화지 같아 끊임없이 따라 하고 항상 위험에 노출되어 있다. 따라서 더욱더 주의를 요구한다. 아무리 부모라도 양육과정에서의 어려움이 당연한 이유이다. 방송인 이휘재가 TV에 나와 "쌍둥이를 키우는 건 2배 힘든 게 아니에요, 16배 힘들어요."라고 말하였다. 내가 낳고 길러보니 16배라니, 20배는 힘든 것 같다.

03

조금만 견디면
되겠지

"태어나고 몇 달간이 가장 힘들어. 그리고 점점 수월해져!"

"지금이 가장 예쁠 때야 많이 놀아줘. 시간 금방 간다."

"조금만 참아. 더 크면 애들끼리 놀아."

"나중엔 엄마 아빠 찾지도 않아. 지금 이 시기가 그리워질 걸?"

아이를 낳은 주변 선배들이 나에게 한 말이다. 그래, 지금은 힘들지만 조금만 더 버텨보자.

퇴근 후 집에 온 남편과 함께 육아하는 중이다. 작은아이가 불편한 듯 울기 시작한다. "으앙~으앙~!!" 배가 고픈가 싶어서 분유를 타주었다. 분유를 꿀꺽 꿀꺽 잘도 먹는다. 하지만 울음이 그치지 않는다. 졸린 건가? 안아줬지만 울며 발버둥치고 보챈다. "응애~응애~" 또다시 운다. 기저귀가 불편한 건가? 기저귀를 갈아주었다. 그래도 소용이 없다. 혹시 열이 있는 건 아닌지 온도를 재봤다. 정상이었다. 그럼 배앓이를 하는 걸까? 이앓이를 하는 걸까? 머릿속으로 수많은 생각이 스쳐 지나간다. 다시 안아줬다. 한참을 칭얼거리더니 겨우 잠이 들었다. 잠이 든 아이를 침대에 눕혔다. 귀신같이 일어난다. 정말 죽을 맛이다. 우여곡절 끝에 다시 잠이 들었다.

작은아이는 자다가도 다리를 경련하듯 떨었다. 옆에서 잠이든 큰아이도 오징어를 굽듯이 몸을 배배 꼬며 힘들어했다. 혹시 아기가 아픈 건 아닌지, 몸에 이상이 있는 건 아닌지 인터넷 검색을 해봤다. 찾아본 결과, 우리 아이들은 성장통을 겪는 중인가 보다. 바로 '원더윅스' 기간이다.

아이가 자라면서 힘들어하는 시기가 10번 정도 있다고 한다. 원더윅스란 아이가 20개월 동안 신체적 정신적으로 급성장하는 시기이다. 아이들은 이 시기에 불안과 공포감을 느끼게 된다. 아이들은 100일 되기 전까지 몸무게도 2배 이상 늘어야 하고, 키도 10~15cm 이상 커야 한다. 그러니 많이 먹고 많이 자야 한다. 밤에는 성장호르몬으로 인해 뼈가 늘어나 아프다고 한다.

육아 스트레스, 나는 괜찮을 줄 알았습니다

엄마 배 속에서 편하게 있다가 태어나고 갑자기 바뀌어버린 세상이다. 아이들도 환경이 바뀌니 큰 혼란을 겪는 중이었다. 세상에 나와 적응을 하려면 얼마나 두렵고 무서웠을까. 의지할 곳은 엄마 아빠밖에 없었을 텐데…. 따뜻하게 위로해주지 못해 미안하다. 하지만 또 다른 시련이 나를 기다리고 있었으니, 바로 남들이 말하는 뒤집기 지옥이 기다리고 있었다.

우리 쌍둥이들은 한 배 속에서 나왔지만 기질이 달랐다. 큰아이는 순하고 겁이 없는 성격이다. 작은아이는 겁이 많고 예민하며 노력파다. 뒤집기를 먼저 한 것도 작은아이였다. 뭔가가 자기 마음대로 안 되는지 낑낑거린다. 그러곤 몸을 뒤척인다. 가끔 몸이 돌아가다 다시 제자리다. 답답한지 다시 팔을 허우적거린다. 하지만 몸은 미동이 없다. 그 모습을 보니 대체 뭘 하는 건지 싶다. 몸이 돌아가지 않자 짜증을 내며 운다. 점점 뒤집으려는 의지가 강해진다. 더욱더 격렬하게 몸을 비튼다. 보는 사람까지 힘들어 보이는 광경이다. 하지만 아랑곳하지 않는다.

작은아이는 불굴의 사나이였다. 수많은 연습을 하더니, 드디어 뒤집기에 성공했다. 짝짝짝! 너무 흐뭇했다. 하지만 다시 몸을 되돌리진 못했다. 그러니 다시 낑낑거리며 짜증을 낸다. 그래서 내가 되돌려 줬다. "엄마, 볼일 좀 보고 올게." 하고 잠깐 다녀온 사이에 보니, 또다시 뒤집어 있다. 이게 이렇게 열심히 할 일인가 싶었다. 끊임없이 연습하더니, 결국 뒤집고 되돌아오기에 '성공

했다.

　'이 시간이 지나면 점점 더 나아지겠지…' 하는 생각으로 하루하루를 버텨냈다. 나만 힘들다고 생각했다. 매일 발전하는 아이들을 보고 있자니 또다시 반성하게 된다. 아이들도 저렇게 열심히 사는 데 나도 노력을 기울여야겠다고 말이다. '이 또한 지나가리라.'라는 말이 있다. 힘든 일과 괴로움이 있어도 언젠가는 지나간다는 뜻이다. 나와 소중한 아이들도 어려운 시기를 잘 극복해 나가면 좋겠다.

04

난 정말 아이 때문에
화가 난 걸까?

화창한 날씨의 주말이다. 이번 주말은 간만에 콧바람을 쐬러 놀러가기로 했다. 옷을 입으려 옷장을 열어보니 입을 옷이 하나 없다. 임신 때 찐 살이 다 빠지지 않아 옷이 맞지 않기 때문이다. 다이어트에 성공하면 예쁜 옷을 사려고 했는데 아직 빼지 못했다.

"오빠, 나 애 낳고 살 좀 찐 것 같지? 살찌니까 맞는 옷도 없어."

남편에게 물었다.

"어, 맞아. 너도 살부터 좀 빼."

　본인도 다이어트 할 거니깐 나보고도 살을 빼라고 하였다. 팩트 폭행이다. 살 찐 걸 알고는 있었지만 저렇게 단박에 대답을 하다니… 남편을 째려보았다. 사실은 '그 정도면 괜찮다.'라든지, '살 안 빼도 예쁘다.'라는 말을 듣고 싶었는데 막상 살 빼라는 말은 나에게 비수로 날아왔다. 이게 다 아이 낳고 기르다 보니 그런 건데 살부터 빼라니… 남편이 미워 보였다.

　나는 이란성 쌍둥이를 임신했다. 한 배에서 다른 두 공간을 마련해 아이들은 자라났다. 따라서 단태아보다는 작은 공간에서 자랄 수밖에 없다. 엄마의 영양분도 둘이 나눠 가져야 한다. 자연 분만보다는 수술을 추천하기 때문에 37주 전후로 나오게 된다. 쌍둥이는 저체중으로 태어날 확률도 올라간다. 2kg가 넘어가지 않거나 자가 호흡이 되지 않으면 니큐나 인큐베이터 신세를 져야 한다. 나는 우리 아이들이 태어나서 니큐에 들어가게 될까, 두려웠다. 그래서 배 속에 있는 아이들의 살을 찌우기 위해 뭐든 잘 먹었다.

　원래도 잘 먹었지만, 임신 기간에는 더 열심히 먹었다. 입덧도 거의 하지 않았다. 당뇨 검사도 정상으로 나와, 막달에는 단 음식도 가리지 않고 먹었다. 당 성분이 들어가면 아이가 잘 큰다고 했기 때문이다. 집 근처에 있는 이디야 커피숍을 지날 때면 참새가 방앗간을 그냥 갈 수 없듯이, 나는 꿀 복숭아 플

랫치노를 매번 사 먹었다. 그렇게 임신 기간에만 몸무게 앞자리 숫자가 2번 바뀌었다. 20kg가 찐 것이다. 당연히 임신해서 찐 살이기 때문에 아이를 낳고 나면 금방 빠질 줄 알았다.

그렇게 37주가 지났고, 큰아이는 2.4kg, 작은아이는 2.3kg로 태어났다. 쌍둥이인데 잘 키웠다며 칭찬받았다. 몸무게는 아이를 낳자 6kg만 빠졌다. 딱, 아이 몸무게에 양수 정도 빠진 것이다. '뭐, 아직 애 낳은 지 얼마 안 됐으니, 붓기 좀 빠지면 다 빠지겠지.' 생각했다. 하지만 나의 오산이었다.

육아로 매일 지친 날을 보내고 모유 수유를 하니 조금은 더 빠졌다. 한 달이 지나, 모유수유를 끊었다. 유축을 못하다 보니 양이 줄어든 것이다. 그리고 아이들이 자고 나면 스트레스를 먹는 거로 풀었다. 그랬더니 몸무게가 금방 불어버린 것이다. 한번 늘어난 뱃살과 먹성 때문인지 아이를 낳기 전의 몸매로 돌아가지 않았다. 거울을 보면 늘어진 뱃살이 유독 눈에 띄었다. 옷도 후줄근한 편한 옷만 찾는다. 그러니 외모에 대한 자신감도 떨어졌다. '살 빼야 하는데, 빼야 하는데…' 할수록 압박감은 점점 늘어났다.

아이들을 돌보는 데 매진하다 보니 남편과의 관계도 서먹해졌다. 하루 종일 아이들만 보다가 남편과 둘이 밥을 먹는데 분위기가 어색했다. 무슨 말을 해야 할지 생각이 안 났다. '7동안은 무슨 대화를 했었나?' 싶었다. 집에 아서 눈코 뜰 새 없이 바빠서 식탁에 같이 앉아 있는 시간이 거의 없었다. 그렇게 서먹하게 식사를 마쳤다.

애 낳고 처음으로 시댁 어르신들과 야외 커피숍을 갔다. 아이를 낳고 집에만 있다가 밖에 나오니 기분이 한결 좋았다. 커피를 마시고 나니, 작은아이는 어머님 품에 잠이 들었다. 그리고 큰아이는 유모차에서 잠이 들었다. 너무 신이 났다.

"어머님, 잠깐 애들 좀 봐주세요. 주변 산책 좀 다녀올게요."
"응, 그렇게 해라~."

아이들을 어머님께 맡기고 남편과 산책을 나섰다. 애 낳고 처음 있는 일이다. 날씨도 좋고, 기분도 좋았다. 오랜만에 연애 시절로 되돌아간 것 같았다. 예전 데이트 코스로도 왔던 곳인데 애 낳고 보니 사뭇 달라 보였다. 자연스럽게 남편 손을 잡았는데, 이렇게 어색할 수가 없다. 남편도 어색했는지 손을 자꾸 빼려고 한다. "뭐야, 오랜만에 손잡으니 어색해?" 하고 물었다. "아니, 뭐가 어색해…" 하며 머쓱해한다. 생각해보니, 육아도 육아지만… 대화를 안하게 된 계기가 있었다.

최근 2년 새 수도권 아파트값이 많이 올랐다. 아이를 낳고 몇 달이 지나자

살던 집 전세 계약이 만료되었다. 새로운 곳으로 이사를 해야 했다. 남편과 나는 신혼 때부터 대출을 많이 받으면 큰일이 나는 줄만 알았다. 그래서 재작년에도 전세로 이사를 왔는데 집값이 훨씬 오른 것이다. 어쨌든 새로운 보금자리를 찾아야 한다. 헌데 태어난 지 몇 달 되지도 않은 쌍둥이들을 데리고 이사를 하자니 걱정이 이만저만이 아니었다. 그렇다고 집을 사서 가기엔 아파트값이 너무 올라 살 수도 없었다.

'평생 내 집 하나 없이 살면 어쩌지? 또 어린아이들을 데리고 이사는 어떻게 하지?'

집을 알아보는 내내 불안감이 엄습했다. 그러면서 남편과 다툼도 잦아졌다. "여기로 이사 오기 전에 샀으면 이 고생 안 해도 됐잖아!" 하고 나는 말하였다. 그러면 "네가 무슨 고생을 하는데? 그리고 요즘엔 이사해도 이삿짐센터에서 다 알아서 해주는데 무슨 걱정이야?" 이러한 대답이 돌아왔다. 이러면서 점점 둘의 다툼은 많아졌다. 그리고 서로 불신이 쌓이기 시작했다.

간만에 TV를 틀었다. 금요일 저녁에 하는 〈나 혼자 산다〉라는 TV 프로그램이 방영 중이었다. 배우 김광규와 가수 육중완이 출연했다. 7년 전 김광규와 육중완은 당시 6억 원 하는 같은 아파트에 살았다. 둘은 아파트를 살지 말지를 고민했다고 한다. 김광규는 집값이 떨어질 것이라는 정부의 말을 믿고 부동산을 사지 않았다. 육중완은 아파트를 샀다.

7년이 지난 현재는 어떻게 됐을까? 6억에 산 육중완의 아파트는 13억이 되어 있었다. 반면, 김광규는 아파트 사야 하는 타이밍을 놓쳐 월세살이를 하고 있었다. 김광규는 "전세 사기당했을 때 보다 지금의 상처가 더 크다."라고 말했다. 그 장면을 보자 내 모습을 보는 것 같아 쓴웃음이 났다.

집을 산 주변 지인들은 집값이 올라 몇 억 원의 자산증식이 되었다. 그런데 나는 전셋집을 알아봐야 한다니 속상했다. 그래서 가장 가까이 있는 남편에게 하소연한 것이다. 내 마음을 이해해 줄줄 알았는데 오히려 남편은 화를 냈다.

게다가 육아로 인해 바뀐 환경 속에서 신경 쓸 일이 많아졌다. 그러니 자연스럽게 화가 쌓였다. 그리고 나의 기본욕구를 충족하기가 너무 어려웠다. 아이가 배고프다고 울면 바로 달려가, 분유를 타주어야 했다. 나는 배가 고파도 참아야 했다. 아이가 소변을 보거나 대변을 보면, 기저귀를 갈아주어야 했다. 나는 화장실에 가고 싶어도 참아야 했다. 아이가 졸립다고 울 때면, 팔이 아파도 안아 재워야 했다. 나는 밤새 쪽잠을 자야만 했다. 이러니 화는 점점 쌓여만 갔다.

내 시간도 없이 오로지 희생을 해야만 하니 당연히 삶에 대한 만족도가 떨어질 수밖에 없었다. 몸이 피곤하니, 짜증이 올라왔다. 그럼 화가 났다. 그 짜증과 화는 남편과 아이들에게 되풀이됐다.

05

얘가 대체
왜 이러지?

돌잔치 다음 날 H라는 친구가 집으로 초대를 했다. 삼겹살을 구워 먹을 거니 놀러오라는 것이다. 또 다른 친구 I랑 같이 보자고 했다. 애 낳기 전부터 자주 보았던 친구들이다. 최근에는 육아 때문에 만나지 못했었다.

어제는 우리 아이들 돌잔치를 했다. 자리에 참석해준 고마운 친구들이었다. 예전 같으면 만나서 뒤풀이라도 했을 텐데, 애들 챙기느라 여건이 안 됐다. 그래서 아쉬움만 남기고 헤어졌다. 그리고 아침에 연락이 온 것이다. 친구 I의 아들도 우리 아이들과 같은 해에 태어난 친구다. 가족 모두, 친구들과 즐겁게 지내면 되는 것이었다.

우리 가족은 친구네 집에 도착했다. 아이들을 쳐다보며 "이제 너희들끼리 놀아." 하며 아이들끼리 놀라고 했다. 어른들은 식탁에서 삼겹살을 맛있게 구워 먹을 요량이었다. 내 애들이 새로운 곳에서 새로운 사람들과 재밌게 놀 것으로 생각했다. 생각은 보기 좋게 빗나갔다. 나에게 매달리며 둘 다 떨어지려 하질 않는다. 내 다리를 붙잡고 놔주려 하지 않는다. '도대체 얘네들이 왜 이러는 것인가?' 하는 생각이 들었다.

친구네 있던 블록을 보여주며 "이거 가지고 친구랑 누나들이랑 같이 재미있게 놀아." 하고 말했다. 말이 끝나기도 무섭게 더욱 떨어지려 하지 않는다. 시계를 보니 낮잠 잘 시간이 지났다. 삼겹살을 한 입 먹기도 전에 작은아이를 안았다. 재우기 위해 조용한 옆방으로 이동했다. 처음 보는 장소가 어색한지 안 자려고 한다. 눕혔다, 안았다 몇 번의 시도 끝에 잠이 들었다.

거실로 나와보니 식탁에선 삼겹살 파티가 벌어져 있었다. 예전 같으면 나 역시 자리에 앉아 먹고 있을 터였다. 하지만, 이번엔 큰아이를 재울 차례다. 큰아이가 졸음이 오는지 쉴 새 없이 눈을 비비고 있다. 고기를 맛있게 먹고 있는 남편을 보며 '큰아이라도 좀 재우지…'라는 생각이 들었다. 놀러와서 마음 편히 앉아 있지도 못했는데, 내심 서운한 마음이 들었다. 낌새를 눈치 챈는지, 남편이 쌈 하나를 크게 말아, 입에 넣어준다. 마음이 조금 풀렸다.

애들이 졸리면 엄마를 더욱 찾으니, 내가 또 큰아이를 재울 수밖에 없었다. 연기 냄새를 맡으며, 나는 큰아이를 재우러 갔다. 큰아이도 겨우 잠이 들었다. '야호~!' 이제야 자유 시간이 된 것이다. 식탁에 앉아 드디어 시원하게 맥주 한잔 들이켰다.

'캬~ 이 맛이지!'

이제 본격적으로 시동 좀 걸려는 찰나였다. 작은아이의 울음소리가 들린다.

'휴, 엄마 노는 꼴을 못 보는구나⋯.'

다시 작은아이를 데려왔다. 소파 위에 앉아 있는 친구랑 누나랑 재밌게 놀면 다 같이 행복할 터였다. 엄마 껌딱지를 떼어내기 위해 과자를 주면서 유혹했다.

"과자 먹고 놀고 있어."

최근 집에서는 과자도 잘 먹고 잘 놀았다. 과자 작전이 통했는지, 조금 적응한 듯한 모습이다. 잠시 뒤 큰아이도 잠에서 깼다.

'진짜 돌아가면서 엄마를 괴롭히는구나.'

큰아이도 거실에 나왔다. 적응했는지 조금 노는 듯하다. 나도 그동안 친구들과 수다도 떨며 술잔도 더 기울일 수 있었다. 잠시 후 창밖으로 저녁노을이 내려앉았다. 다시 아이들이 울기 시작한다. 잠시 꿀처럼 달콤했던 평화는 깨졌다. 급히 핸드폰 시계를 바라봤다. 배가 고픈 것이다. 이제 곧 자야 할 시간도 다가왔다. 간만에 친구네 오니 좀 더 놀고 싶었다. 우선 젖병에 분유를 탔다. 분유를 타는 시간에도 자지러지게 운다. 분유를 받아 손으로 잡고, 잘도 먹는다. 배가 부르면 잘 놀 줄 알았는데 이것마저 나의 오산이었다. 다 먹고 나서도 울고 불며 난리다.

너무 시끄러워 귀청이 따가웠다. '이걸 어쩌지? 아니, 얘네들이 배도 부른데 놀지도 않고 온종일 왜 이렇지?' 이런 생각이 들었다. 울음소리에 내가 버틸수가 없었다. 남편에게 대리기사를 부르라고 했다. 잠시 후 대리기사가 도착했다. 아쉽지만 집에 가야만 했다. 아이들이 떼쓰고 울고불고 난리니 말이다. 유모차를 태웠다. 그런데 이게 웬걸? 유모차를 타자마자 아이들 울음소리가 언제 그랬냐는 듯 뚝 그쳤다. 어이가 없었다.

집에 가기 위해 엘리베이터를 기다리는 중이었다. 마중 나와준 친구 남편이 "잘 가." 하며 인사를 했다. 그 모습을 보더니 해맑게 두 손을 빠이빠이~ 흔드는 것이다. 그 모습을 보니 웃음이 나왔다. 온종일 엄마를 그렇게 괴롭히더니, 낯설어서 싫었나 보다. 저녁이 되어 잠까지 쏟아지니 집에 가고 싶었던 것이다.

우리 애들은 어릴 때부터 둘 다 뭐든 잘 먹었다. 둘이라 그런지 경쟁적으로 잘 먹었다. 잘 먹어줘서 너무 고맙게 생각한다. 안 먹어서 엄마를 속상하게 만든 적은 없었다. 다만, 이유식을 먹을 때 손으로 만지고 머리에 비벼서 이유식 샴푸를 해야 했다. 이유식을 먹고 있는 중이었다. 갑자기 손에 들고 있던 숟가락을 집어 던진다. "어허! 숟가락 던지면 안 되지!!" 하며 곧장 주웠다. 그러자 징징거린다.

안 먹는다고 투정 부린 적 없던 아이인데, 한 숟가락 떠서 입에 넣어주었다. 씹기는 하는데 반응이 이상하다. 먹기 싫다는 듯 투정 부린다. 손짓으로 이건 '아니야, 아니야' 하며 두 손을 흔든다. "왜 그러지? 잘 먹었던 건데. 왜 그래? 먹어봐~!" 하며 한 입 더 먹여줬다. 입안에 넣고 오물거리는 시늉만 한다. 이내 고개를 절레절레 저으며 서럽게 운다.

식탁 의자에 앉아 있기 싫어서 그런 건가? 의자에서 아이를 꺼냈다. 내 무를 위에 앉혀 놓고, "자, 다시 먹어보자! 한 입 먹어봐!!" 그러자 입에 있던 이유식을 다 뱉어낸다. 끝내 짜증 섞인 울음을 터트린다. 너무 울어서 이마까지 빨개졌다.

도저히 안 되겠다. "그럼, 이유식 그만 먹어, 그냥 먹지 마." 하고 포기하려던 찰나였다. 손가락으로 어딘가를 가리킨다. 뭐지? 숟가락? 아니면 반찬 뚜껑인가? 아이를 안고 주방으로 들어갔다. 몸을 기울이며 밥그릇에 있는 밥을 가리키는 것이다. 이유식이 아니라 밥이었다니! 그것도 맨밥! 간혹 밥풀을 떼어주기도 했다. 밥을 먹고 싶었나 보다. 이유식은 입안에 들어가면 살살 녹는다. 그러니 씹을 것이 별로 없다. 밥알의 식감을 느끼고 싶었던 것이다.

밥그릇에 있는 밥을 입에 넣어주었다. 그랬더니 "헤헤헤." 아주 만족스러운 표정을 짓는다. 그릇에 있는 밥을 한 주먹 집더니 아주 맛있게 먹는다. 그동안 주는 대로 잘 먹던 우리 아이가 이유식을 거부할 줄이야. 그동안 엄마가 오해했다.

'먹는 거라면 다 좋아하는 줄 알았는데, 너네도 생각이 있었구나.'

태어난 지 14개월이 됐다. 순하기만 한 줄 알았던 큰아이가 개구쟁이가 되었다. 작은이는 짐이 많은데 얘는 짐도 없다. 낄 가지고 노는 징난감을 픽!

하고 집어 던지는가 하면, 엄마 아빠가 누워있을 때 배 위에 올라탄다. 그리고 신나게 말타기를 한다. "으악!" 하고 고통스러운 표정을 지으면 더욱더 신나한다. 특히 아빠 젖꼭지를 조그마한 손으로 야무지게 비튼다. 아빠가 아프다고 신음하면 "헤헤헤헤," 들쭉날쭉한 이빨을 보이며 웃는다.

작은아이랑 같이 놀다가도 마음에 안 들면 가끔 동생을 때리거나, 멱살을 잡는다. 힘에서 밀리는 작은아이는 매번 당한다. 그리고 서럽게 울며 나에게 안아달라고 한다.

"때리고 그러면 안 돼!!"

소리 질러도 아랑곳하지 않는다. 그러곤 소파 위에 올라가 엄마를 쳐다본다. "아~!!" 돌고래 소리를 지르며 허공으로 발을 내디디며 떨어진다. 나는 놀라서 재빠르게 아이를 잡아챈다. 그럼 깔깔거리며 너무 좋아한다. 자기가 하늘을 걷는 남자인 줄 아나 보다.

엄마 아빠가 격한 반응을 보이면 재밌는지, 무모하게 과격한 행동을 한다. 도대체 왜 이런 행동을 하는 건지 생각해봤다. 내 생각엔, 부모의 관심을 받고 싶어 하는 것 같다. 소파 위에 올라가서 공중부양을 할 때도 보고 있지 않으면, 어느 새 뒤로 돌아 착지해 있었다. 이때쯤 아이들은 과격한 행동을 하

48 육아 스트레스, 나는 괜찮을 줄 알았습니다

고, 엄마 아빠를 괴롭히면 관심을 받을 수 있다고 생각하나 보다. 한 번이라도 더 자기를 봐달라고 하는 것이다.

가끔 도대체 얘가 왜 이러지? 싶은 날이 있다. 좀 적응됐다 싶으면 떼쓰고 투정 부리는 날. 예쁘고 소중한 아이들에게, 공감해주고 싶고, 이해도 해주고 싶다. 하지만 갑자기 하지 않던 행동을 하거나 이해할 수 없는 행동을 할 때면 엄마도 사람인지라 화가 난다. 이런 것은 부모들이 아이의 성장하는 과정을 제대로 알지 못하기 때문이라고 한다. 아이들이 '엄마!'라고 부르며 나를 찾을 때면 기쁘기도 하지만 부담이 되는 건 사실이다.

06

육아,
나는 잘할 줄 알았다

'애 한 명은 낳아 길러야지, 나중에 나이 들어서 외로우면 어떻게 할래? 아기 키울 때 기쁨이 얼마나 큰데, 여자로 태어나서 그 기쁨 한번 못 느껴보면 불쌍하지 않겠니?'

주변에서 애 낳은 사람들이 자주 하는 말이다. 하지만 육아에 대한 어려움은 못 들은 것 같다. 아니다. 그동안 관심이 없어서 몰랐다.

임신 사실을 알게 되었을 때, 엄마에게 소식을 알리기 위해 전화를 걸었다.

"응, 엄마 나 막내딸~! 이번에 시험관 시술이 잘돼서, 임신에 성공했어요!!"

"에고, 우리 딸…. 고생했다. 우리 딸 정말 장하다 잘됐다."

엄마는 누구보다 우리 부부의 귀한 아이를 바라고 보고 싶어 했다.

"응 근데, 쌍둥이래요. 호호호."

"어머나~ 쌍둥이냐? 어휴, 둘이 한꺼번에 키우려면 힘들 텐데 어쩌나?"

"에이~엄마는, 애 낳지도 않았는데 벌써 힘들 걱정을 해요? 한번에 둘 키우면 좋죠! 괜찮아요, 잘할 수 있어요."

나는 10여 년 만에 어렵게 임신했기에, 축하를 받고 싶었다. 그런데 지금 돌이켜보니 엄마가 걱정한 이유를 알겠다. 엄마가 연세도 있으시고, 몸이 편치 않으셔서 우리 아이들을 봐주기 어려웠기 때문이다. 그 때문에 쌍둥이를 낳은 딸이 고생할까 봐 걱정되었던 것이다. 걱정은 현실이 되었다.

조리원에서 나오자마자, 아이가 열이 났고, 조심스러운 마음에 온통 내 신경은 애들한테 가 있었다. 지나간 시간만큼 내 몸과 정신은 데미지가 쌓여갔다. 산후조리 해주셨던 이모님도 오지 않게 되었다. 아이 둘을 혼자 보기 힘들어 하루는 엄마에게 애들 좀 같이 봐달라고 부탁했다. 엄마는 몸이 힘들지민 귀여운 손주들이니, 알겠다고 히 셨디. 그리고 집에 오셨디.

엄마도 쌍둥이는 처음이라 어려워했다. 같이 분유도 타서 먹여주고, 트림도 시켜주고, 나랑 같이 식사도 하고, 아이들 기저귀도 갈아주며 정신없이 낮이 지나갔다. 해질 녘이 되어 엄마에게 집에 가보아도 괜찮다고 했다. 혼자 육아해야 할 딸이 안쓰러웠는지, 다음 날 아침에 가겠다고 하셨다. 편하신 대로 하라고 했다. 내심 고마웠다. 늦은 밤에는 애들이 울어도 걱정하지 말고 주무시라고 했다.

밤이 됐고, 애들도 자다 깨서 울곤 했다. 거실에서 자고 있던 나는 재빨리 일어나 분유를 탔다. 그러곤 우는 아기에게 분유를 주었다. 엄마는 아기 울음소리를 듣고 거실로 나왔다. 내가 괜찮다며 다시 주무시라고 하였다. 하지만 잠도 못 자는 딸이랑 우는 아기들이 걱정되었는지 새벽에도 한 번씩 나와 도와주셨다. 그렇게 아침이 되고 엄마는 귀가하셨다.

아이들이 낮잠 자는 시간에 엄마에게 전화를 걸었다.

"어, 엄마 잘 들어가셨어요?"

"응, 잘 들어왔지."

"목소리가 왜 이렇게 기운이 없어? 어제 힘들었지?"

"어, 잠을 못 자서 그런지 조금 피곤하네. 집에 오니까 코피가 나더라…."

"뭐? 코피? 어제 너무 무리하셨나 보다…. 오늘 집에서 푹 쉬세요."

밤새 무리를 하셔서 그런지 코피가 나셨다고 한다. 연세도 있으셔서 더욱더 몸에 무리가 갔던 것이다. 나도 어쩔 수 없이 엄마에게 부탁했지만, 힘들어하는 엄마를 보니 마음이 안 좋았다. 자식 4명을 낳고 키우며 고생하신 엄마인데, 내 자식들까지 키워달라고 부탁하자니 죄송했다. '한 아이를 키우는 데에는 온 마을이 필요하다.'라는 말처럼 애를 키우는 게 쉽지 않은 것은 확실하다.

내가 임신했을 때 친구 K의 언니가 아들 쌍둥이를 낳았다. 친구에게 내가 쌍둥이를 임신했다고 했더니, "야, 우리 언니가 '웰컴 투 헬'이라고 전해 달라는데? 지옥에 온 걸 환영한대. 우리 언니 애들 키울 때 힘들어서 여러 번 울었대." 육아도 시작 전에 너무 겁주는 거 아닌가 싶었다. 남들이 어려움을 토로해도 나는 다를 줄 알았다. 육아도 사람 하기 나름 아닌가…. 재미있게 키우면 될 줄 알았다. 그렇게 나는 육아를 잘할 줄 알았다. 내가 예민한 성격도 아니고, 애들이 잠만 잘 잔다면 수월할 것 같았다. 신생아들은 하루에 총 10시간에서 18시간을 잔다고 한다. 이렇게 오래 자는데 '내 시간 하나 없겠어?' 하고 생각했다.

육아는 아이템 빨이라고 하지 않던가…. 쌍둥이를 임신했다고 하니, 주변의 친한 친구가 쌍둥이들은 이것이 꼭 필수라며 '셀프수유 쿠션'과 '역류방지 쿠션'을 선물해줬다 동시에 배고프다고 울 때 아주 유용할 것이라고 했다 실제 이것은 30일 이후부터 아주 유용하게 사용한 아이템이다. 그리고 아기가 심심하지 않게 흑색 모빌과 칼라모빌 또한 구비해놓았다. 바운서 외에도 수유 의자, 내 몸과 마음을 풀어줄 마사지기계 등 여러 가지 아이템을 구성해놓았다. 따라서 걱정하지 않았다.

외국인 쌍둥이 엄마가 나오는 유튜브 영상을 보았다. 아기를 엄마 옆구리에 끼고, 머리를 가슴 옆에, 다리는 옆구리에 오도록 해서 수유를 하고 있었다. 쌍둥이들도 동시 수유가 가능하다는 '풋볼 자세'다. 풋볼 자세로 수유를 하며 화장을 하고 있었다. 일말의 어려움도 없다는 듯이… '쓱쓱 화장'을 하고 있었다. 영상을 보고 나니 '그래, 애 낳아서도 몹시 어렵진 않겠다. 애들 하고 싶은 거 같이 해주고, 나도 하고 싶은 거 하면 되는 거잖아.' 이런 확신이 들었다.

그런데 웬걸? 애 낳고 보니 화장이라니? 세수하러 갈 시간도 없다. 태어나자마자 나의 예상이 틀렸다는 걸 바로 알았다. 바로 아이들이 입증해주었다. 한 시간 반, 두 시간마다 번갈아 가며 수유를 하고, 기저귀 갈고, 재우기에 바빴다. 생각과 현실이 다르니 더욱 힘들었다. 나는 털털한 성격이라 자부했다. 아이들에게도 신경 많이 안 쓸 줄 알았다. 아니, 안 써도 될 줄 알았다. 헌데 두 아이가 조금만 배고프면 서럽게 울어대는 통에 가만히 있을 수가 없다. 기저귀도 방금 갈면 옆에 있는 작은아이가 응가를 한다. 작은아이 기저귀를 갈아 주면, 이번엔 큰아이도 응가를 한다. 아주 미쳐 돌아갈 노릇이다. 기저귀만 갈고, 갈고, 또 갈고….

갓난아기 때는 가만히 있기라도 한다. 기어 다니고 걸어 다니니 새벽에 일어나서 기저귀만 갈아도, 남아 있는 에너지의 반은 소진되었다. 그리고 아이들이 울고 짜증을 내도 대수롭지 않다고 생각했다. 아이들이 다 우는 거지 뭐…. 이랬던 나였다. 하지만 내가 키워보고 몸이 힘들고 지치니 짜증 내지 않기가 쉽지 않았다. 우는 아이를 보면 같이 울고 싶어지고 화가 났다. 또한, 호르몬 변화인지 우울하고 힘든 날도 많아졌다.

우리 부부는 3년 연애 후 결혼을 했다. 결혼한 지 10여 년 동안 부부싸움도 거의 안 했다. 남편 친구 부부들과 캠핑을 갔을 때였다. 숯불에 고기를 구워 먹고 있는데 화장실에 가고 싶은 것이다. 그래서 화장실에 갔다 오겠다고 했더니, "나도 같이 가~." 하며 남편이 손을 살며시 내밀었다. 옆에 있던 친구 부부가 "너네는 무슨, 화장실도 같이 가냐? 보기 좋다."라며 부러운 눈길로 쳐다보았다.

신혼 때는 같이 술 한잔 기울일 때가 많았다. 한잔 두잔 기울이다 보니 술이 금세 떨어졌다. 내가 "맥주 사러 편의점에 갔다 올게." 했더니, "너 혼자 어떻게 보내." 하며 같이 가주는 다정한 남편이었다. 그러니 아이를 낳고 같이 재밌게 육아를 할 줄 알았다. 당연히 더욱더 행복할 거라 예상했다. 행복은 몇 배 더 늘어 날것이라고⋯. 그런데 육아에 서로 치이다 보니 남편과 싸움도 잦아졌다. 서로에게 기대했던 만큼 서운한 감정이 생긴 것이다.

　내 친구 K는 아이를 낳고, 육아 스트레스로 남편에게 아이를 맡겨놓고 일본으로 여행을 떠났다고 했다. 쌍둥이를 낳은 친언니와 함께 갔다고 했다. 아이는 남편에게 맡겨놓고, 힐링하고 왔다며 너무 좋았다고 했다. 육아에 찌들어 있는 일상을 벗어나니 행복했다고 했다. 그땐 남편이랑 아기를 놓고 여행을 떠난 친구를 완전히 이해하지 못 했다. 하지만 지금은 알겠다. 일상에서의 자유로움을 만끽하고 싶다는 것을⋯. 내가 낳아보고 길러보니 100% 공감이 간다.

07

어디서부터
잘못된 걸까?

내가 결혼하고 아이를 바로 낳았으면 좀 더 수월했을까?

    나는 26살의 젊은 나이에 결혼했다. 신혼 시절에는 아이를 낳지 않기로 했다. 인생을 더 즐기기 위함이었다. 우리는 함께 45일 동안 동남아로 배낭여행도 떠났다. 해마다 가까운 나라로 여행을 다녀오기도 했다. 근처 센터에서 춤도 배우고, 골프도 배우며, 취미 활동도 같이했다. 그렇게 행복한 일상을 즐기며 살았다. 남편은 아이를 봐도 예쁜 줄 모르겠다고 했다. 식당이나 호텔을 놀러갈 때면 아이들 없는 곳을 선호했다. 옆에서 애들이 울거나 투정 부리는 소리가 들리면 눈살이 찌푸려졌기 때문이다.

그러다가 결혼한 지 10여 년이 흘렀다. 주변 친구들도 하나둘씩 결혼해서 아이를 낳았다. 친구들과 함께 어울리면, 다들 아이가 있었다. 시간이 흐르고 조카들도 늘어났다. 점차 아이들이 눈에 들어오기 시작했다. 아이들이 귀엽고 예뻐 보이는 것이다. 우리도 아이를 낳아서 기르면 좋을 것 같았다. 그래서 임신 계획을 했다. 아이를 가지려 하니 임신이 되지 않았다. 나이는 들어가고, 더는 아이 낳기를 미룰 수 없었다. 그렇게 12년이 흐른 뒤 병원에 찾아가보니 난임이라 했다. 그래서 시험관 시술을 하게 된 것이다.

다른 병원의 추천으로 동탄에 있는 D여성의원에 찾아갔다. 원장님과 처음으로 면담을 했다. 따뜻한 미소와 함께 온화한 인상이었다. 면담하는동안, 걱정하는 내 마음을 편하게 해주셨다. 면담이 끝난 후, 난임 기본검사를 했다. 생리 2~3일째 호르몬 검사를 하고, 생리가 끝날 때쯤엔 자궁난관조영술을 통해 자궁에 이상이 있는지 알아봤다. 남편 역시 기본검사를 했다. 검사 결과, 우리 부부는 특별한 이상이 보이지 않는다는 소견이었다. 원인 불명의 난임이었다. 그래서 인공수정을 먼저 하기로 했다.

'인공수정'은 배란일에 맞추어 운동성 좋은 정자를 얇은 관을 통해서 자궁 안으로 넣어주는 시술이다. 난자를 충분히 배란시켜주고, 정자가 나팔관 가까이 들어가야 수정에 도움이 된다. 수정과 착상하는 과정이 자연임신과 같으므로 최소한 한 개의 나팔관에는 이상이 없어야 가능하다. 우리는 시험관 시술을 바로 하려고 했다. 하지만 나팔관에도 이상이 없으니, 의사 선생님의 추천으로 인공수정을 먼저 하기로 한 것이다.

생리 시작한 지 2~3일째 병원에 오라고 하였다. 배란 유도약을 5일간 복용을 했고, 과배란 주사를 맞았다. 과배란 주사를 맞은 후 복부가 빵빵하게 부풀어 올랐다. 배란이 많이 돼서 그런지 배도 더부룩하고 팽창되는 느낌을 받았다. 간혹 부작용으로 복수가 차오르는 사람도 있다고 한다. 그렇게 과배란을 시킨 후 초음파로 난포 개수를 확인한다. 그리고 적절한 날짜에 시술했다. 임신 확률은 10~20% 정도라고 전해 들었다. 그리고 좋은 결과가 있기를 기다렸다.

일정 기간이 지났다. 결과를 알아보기 위해 병원에 가서 혈액검사를 했다. 결과는 임신이 아니었다. 확률이 낮아 많은 기대를 하지 않았지만 막상 임신에 실패하니 기분이 안 좋았다. 그동안 없어도 된다고 생각한 아이였다. 인공수정 실패 후 이렇게 속상할 줄 몰랐다.

곧바로 두 번째 인공수정을 했다. 하지만 두 번째 인공수정 역시 실패였다. 2번이 연속으로 안 되니 자신감도 떨어지고, '이러다 아이를 못 갖게 되면 어쩌지…' 하는 걱정도 올라왔다. 그러면서 조금씩 아이를 갖는 게 간절해졌다. 의사 선생님과 다시 상담했다. 이번엔 확률이 더 높은 시험관 시술을 하기로 했다.

'시험관 시술'은 난자와 정자를 체외에서 수정을 시킨 후, 2~5일 배양시킨다. 그 후 다시 자궁 내에 이식해 임신이 되도록 하는 방법이다. 이번에도 과배란을 유도하는 주사를 맞았다. 그런 후 생리일 12일 정도 되는 날 난자와 정자를 채취했다. 그 후 병원에서 수정시킨 후 배양시켰다. 그리고 남편과 함께 병원에 찾아가 배양된 배아를 선별하기로 했다.

"배아의 모양이 좋아요. 그런데 배아를 2개 넣어도 괜찮나요?"

의사 선생님이 물었다. "네, 상관없어요. 확률만 높다면요. 이번에는 좋은 결과가 있으면 좋겠네요."라고 대답했다. 우리는 가장 예쁜 모양의 배아를 선별해서 자궁에 이식하기로 했다. 이때 이식하기로 한 배아가 내 소중한 쌍둥이가 되었다. 그렇게 나는 임신을 했고, 엄마가 되었다.

늦은 나이에 쌍둥이 아들을 낳아 기르니 확실히 체력이 모자랐다. 나와 같은 해에 결혼한 친구 중, 아이를 곧바로 낳은 친구가 있다. 확실히 젊은 나이라 회복이 빨랐다. 친구의 애들은 벌써 중학생이 되었다. 친구는 지금 생활도 안정되고, 여유로워 보인다. 주말에는 남편과 둘이서 가까운 산을 오르며 데이트를 한다고 했다. 나는 이제야 아이를 낳고 나니, 온몸이 안 쑤신 곳이 없다. 몸을 쉴 새 없이 움직이기 바쁘고 정신도 없다. 나날이 육아에 찌들어가고 있다. 몸과 마음은 시간이 흐르는 만큼 삭아가고 있었다. '내가 이러려고 애를 낳았나⋯' 하고 후회가 밀려왔다.

'한 명만 낳았으면 훨씬 편했겠지.' 라는 생각도 했었다. 첫아이인 동시에 둘을 낳고 키우려니 너무 버거운 마음이 든다. 주변에 한 명 만 낳아서 키우는 모습을 보면 좀 더 여유가 있어 보인다. 큰아이나 작은아이나 둘 중 한 명이라도 자고 있으면 한결 평화로웠다. 하지만 아이가 교대로 잠을 잠이 들 때면, 엄마는 쉴 시간이 없다. 2명을 한꺼번에 기르려니 보통 일이 아니다.

그러다 잠자는 두 아이의 얼굴을 보면, '둘 다 너무 예쁜데, 내가 또 무슨 생각을 하고 있었나?' 하는 죄책감이 드는 것이다. 쉴 새 없는 육아가 계속되니다 때려치우고 어딘가로 숨어버리고 싶다. 엄마라는 책임감에 짓눌려 있는 현실을 회피하고 싶었다. 하지만 그럴 수도 없다. 이런 생활들이 언제까지 계속될지 무서워졌다.

엄마는, 엄마이기 때문에 허락 없이 내 맘대로 아플 수도 없다. 새벽에 갑자기 배가 아파 화장실에 간 적이 있다. 복통이 점점 심해진다. 눈앞이 핑글핑

글 돈다. 하늘이 노랗게 변한다.

'아, 이러다 쓰러질 것 같은데…. 그럼 우리 아이들은 어떡하지?'

아이들 얼굴들이 스쳐 지나갔다. 아이들을 생각하니 마음 편히 쓰러지지도 못하겠다. '이렇게 쓰러지면 우리 애들은 어떡하지? 그래도 오늘은 토요일이구나. 남편이라도 있으니 다행이다.'라고 생각했다. 아픈 배를 움켜 지며 거실로 엉금엉금 기어 나왔다. 그 모습을 본 남편이 물었다.

"왜 그래? 무슨 일 있어? 괜찮아?"

아내가 화장실에서 끙끙 앓으며 기어 나오니, 낌새가 이상했나 보다.

"어, 오빠 나 아파…. 앉아 있지도 못할 것 같아. 여기서 좀 누워 있을게."

화장실에 나오자마자 쓰러지듯 누웠다. 그러곤 시간이 흐른 후 정신을 차렸다. 다행히 괜찮아졌다. 아마도 급체를 한 것 같다. 원래 나는 음식을 천천히 먹는 편이다. 오죽하면 예전에 다녔던 회사의 사장님이 내가 밥 먹는 모습을 보고는 '소여물 먹듯이 먹는다.'라고도 했다. 그런 내가 아이를 낳고 허겁지겁 먹기 바빴다. 매번 입으로 들어가는지 코로 들어가는지 모를 정도였다. 그래서 먹었던 밥이 얹힌 것이다. 아프고 보니, 엄마는 맘 편히 아프지도 못한다. 아프면 목숨같이 사랑스러운 내 아이들을 돌봐줄 수 없으니까 말이다.

〈밥블레스유〉란 예능 프로그램에 가수인 김윤아 씨가 출연했다. 육아란 자신을 삭이고 갈아 넣는 과정의 반복이란다. 게다가 직장 생활보다 육아가 3배 힘들다고 말하였다. 이렇게 힘든 육아라니…. 어디서부터 잘못됐을까? 아이를 낳고부터? 그럼 이전으로 되돌아가면 과연 행복할까? 그건 아니다. 육아하면서 자신을 온전히 갈아 넣을 정도로 힘든 점은 많다. 하지만 그 고생을 참아가면서 육아할 정도로 아이들은 한없이 사랑스럽다. 그래서 많은 부모가 지쳐 도망치고 싶어도 갈 수 없고, 내 몸조차 아파도 안 되는 상황 속에서도 꿋꿋이 자식을 키우는 것이 아닐까?

2 장

육아 스트레스,
나는 괜찮을 줄 알았다

육아 스트레스,
나는 괜찮을 줄 알았다

나는 어렸을 때부터 유난히 잠이 많았다. 학생 때도 잠이 많아 아침에 일어나는 게 너무 힘들었다. 아빠가 "지각하겠다. 일어나."라고 하면, 나는 "10분만 더 있다가~." 하며 다시 잠이 들었다. 조금만 더 늦게 일어나면 지각이다. 결국, 아빠는 화를 내며 깨웠다. 그래야 겨우 일어날 수 있었다.

임신했을 때 좋았던 점은 마음 편히 낮잠을 잘 수 있었다는 것이었다. 한번은 자궁수축이 와서 병원에 갔다. 쌍둥이라 위험하니, 어디 다니지 말고 누워 지내라고 했다. 나보다 3개월 먼저 아이를 낳은 친한 동생은 "언니, 임신했을 때 많이 자둬. 아이 낳고 나면 자고 싶어도 못 자." 이런 말을 하였다.

'그래, 이때라도 잠이나 많이 자두자…'

아이를 낳고 키우는 중, 나를 가장 힘들게 한 것은 당연히 잠을 못 자는 것이었다. 쏟아지는 잠을 참아내고, 밤새 아이를 비몽사몽 돌아가며 봐야 했다. 큰아이가 1시 반에 일어나면 수유하고 트림을 시켜야 한다. 그러면 30~40분 정도가 걸린다. 재우고 나면 3시에 작은아이가 깬다. 그러면 또 수유하고 트림을 시켜야 한다. 중간에 기저귀도 갈아야 한다.

이렇게 반복되다 보면 잠을 거의 못 잔다. 그러다 한 아이가 자다 깨면 잘 자던 아이도 시끄러워서 깬다. 그럼 상황은 더욱 안 좋아진다. 쪽잠을 자고 있던 남편까지 나와서 도와줘야 한다. 다음 날 아침이 되면, 우리는 좀비가 되어 방문을 열고 나왔다. 그리고 안아 재워야 했기에, 나의 팔뚝은 점점 헐크로 변해갔다. 팔과 어깨가 떨어져 나갈 것 같지만 참아내야 했다.

아이가 태어난 지 4개월 전후의 일이다. 매일 밤 아이들을 재우기 위해 남편과 나는 고군분투했다. 퇴근 후 집에 온 남편도 편히 자지 못하니 매우 피곤해했다. 그러다 친구 K의 언니가 생각났다. 그 언니도 쌍둥이 엄마였다.

"따르릉."

전화를 걸었다.

"언니, 잘 지내죠? 애 낳고 궁금한 게 있어서 물어보려고요." 하니 "어 그래, 다 물어봐. 나도 쌍둥이 낳고 키우느라 너무 힘들었어."라며 흔쾌히 물어보라고 하였다.

"언니 도대체 쌍둥이를 어떻게 키우셨어요~? 잠은 어떻게 재웠어요?"

"나는 애들 울 때 진짜 너무 힘들어서 같이 울었어. 재우기도 힘들고…. 그래서 수면 교육을 빨리 시켰어. 잠을 잘 자니까 살 만하더라고."

"수면 교육이요? 그럼 잘 자요? 어떻게 시키셨어요?"

"응, 지금은 잘 자. 우선, 수유량을 충분히 늘려야 해. 그래야 배고파서 밤에 깨지 않지. 그리고 목욕시킨 후 조명이랑 수면 환경을 만들어주는 수면의식을 행했어."

"수면의식이요?"

"응, 자기 전에 잠이 들 환경을 만들어주는 거야."

"아, 그런 다음에는요~?"

"그다음에는 엄마가 인내심이 강해야 해. 아이가 잠이 들 때까지 울어도 달려가서 안아주지 마. 15분 정도 기다렸다가 달래주고, 그 이후에 또 기다려.

웬만하면 울어도 안아주지 마."

"그래요? 그래도 우는 아이를 어떻게 그냥 내버려둬요…"

"그러니까, 참고 기다려야지. 그리고 자다 깨도 곧바로 달려가지 말고 조금 기다려. 그러면 잠결에 깼다가 다시 자기도 해."

"아…. 그렇군요. 그럼 저도 수면 교육을 해봐야겠어요."

전화를 끊었다.

'수면 교육이라…. 교육을 하면 아이들이 잘 잔단 말이지?'

남편에게 친구의 언니가 수면 교육한 후, 아이들이 통잠을 잔다고 말해줬다. 이야기를 들은 남편은, 당장 수면 교육하자고 했다. 남편은 육아서와 인터넷으로 수면 교육에 대한 정보를 좀 더 찾아보고 있었다. 대표적인 수면 교육법 중에는 '퍼버법'과 '안눕법'이 있다고 한다.

'퍼버법'은 아이가 울다 지쳐 잠들 때까지 기다리는 것이다. 아이가 잠이 들지 않은 상태에서, 스스로 잠들 수 있도록 하는 방식이다. 정해진 시간을 지켜가며 달래준다. 이때, 아이를 안거나 수유는 하지 말라고 한다. 첫날 이후 '5분, 10분, 15분' 등으로 시간을 늘리는 방법이다. '안눕법'은 아기가 울면 달래주고, 등을 두드려 안심시킨다. 울음을 그치지 않으면 다시 안아준다. 안아

육아 스트레스, 나는 괜찮을 줄 알았습니다

서 4~5분을 넘기지 않는다. 6개월 아기는 2~3분, 10개월 아기는 눕히기만 한다. 아기가 울음을 그치면 다시 눕혔다가, 울면 다시 안아주는 방법이다.

수면 교육에 돌입한 첫날이다. 스스로 잠들 때까지 기다리는 '퍼버법'을 실행하기로 했다. 아이가 울더라도 안아 재우지 않기로 했다. 둘을 돌아가며 안아 재우기가 힘들었기 때문이다. 마음 한편으론, 너무 어린, 아무것도 모르는 아기일 뿐인데, 울게 내버려둬도 될지 내심 걱정되었다. 하지만 조금이라도 편해지려면 망설일 필요가 없었다.

다시 마음을 다잡았다. 우선 목욕을 시키고, 분유를 충분히 먹였다. 그리고 스와들업을 입혔다. 스와들업은 날다람쥐를 연상시키는 옷이다. 양팔을 자연스럽게 올려주어 아이가 편안한 자세를 취할 수 있게 도와준다. 그리고 수유 등으로 조명을 은은하게 비춰놓았다. 이렇게 수면의식을 행했다.

잠시 후 작은아이가 졸립다고 울음을 터트렸다. 아이를 침대에 올려놓고 우는 시간을 쟀다. 째깍 째깍 1분, 2분…. 시계를 보는데 시간이 너무 더디게 흘러간다. 울고 있는 아이를 내버려두니 마음이 괴롭다. 마침내 5분이 됐다. 달려가서 등을 토닥토닥 두드려줬다. 하지만 울음은 그치지 않는다. 첫날이고 우느라 힘들었을 아이를 생각해, 내일 다시 하자고 말했다. 그리고 다음 날 밤이 됐다. 또 작은아이가 먼저 울기 시작했다.

"오늘은 울게 내버려둬. 15분 동안은 울어도 괜찮대."

결의에 찬 남편이 말했다. 나 역시 알겠다고 했다. 방안에서 작은아이의 울음소리가 "응애응애~" 서럽게도 들린다. 시계를 보니 3분밖에 안 지났다. 또다시 우는 소리를 들으니 가슴이 쓰렸다. 조금만 더 기다려보자. 오늘은 수면교육에 꼭 성공하리라 다짐했다. 아이의 울음소리는 더욱더 커졌다. 잠시 후 더욱 자지러지듯 운다. 헐, 이제야 5분이 지났는데, 오늘도 안 되겠다 싶다.

"오빠, 오늘도 안 되겠다. 그냥 내가 안아서 재울게." 하며 작은아이를 안으려 했다. 남편은 "오늘 성공 못 하면 그렇게 네가 평생 안아 재워야 한다."라며 반박했다. 그러면서, 본인이 알아서 할 테니 나를 쳐다보며 나가 있으란다. 평생 안아 재워야 한다는 소리에 움찔했다. '그럼, 조금만 더 기다려 볼까…' 하고 안방 문을 열고 거실로 나왔다. 그것도 잠시… 아이 우는 소리가 내 가슴에 꽂힌다. 가슴이 아프다. 이건 너무 안쓰러워 도저히 기다릴 수가 없다. 그래서 다시 작은아이를 데리러 방문을 힘차게 열고 들어갔다.

"왜 들어 왔어? 빨리 나가! 조금만 참으면 서로 편해지는데."

남편이 말했다.

"아냐, 됐어. 아직 너무 어린 것 같아. 이러다가 아기 아프기라도 하면 어쩔 건데."

"그래도, 조금만 참아봐."

"안 되겠어… 조금 더 크면 그때 수면 교육하자. 지금은 내가 재울게."

다시 아이를 안으려 했다. 그런데 남편이 아이를 붙잡고 아이를 내주지 않는다. 남편의 발과 몸으로 아이를 못 데려가게 방어하는 것이다. 참, 나 이게 무슨 상황인가…. 우리는 작은아이를 사수하기 위한, 한밤중의 전쟁이 치러졌다. 엎치락뒤치락 끝에 결국 내가 승리하였다. 그러곤 작은아이를 데리고 거실로 나왔다. 사실 남편도 우는 아이를 내버려두는 것이, 마음 한편으론 안쓰러웠던 모양이다. 그렇게 우리의 수면 교육은 끝이 났고, 그날도 잠이 들 때까지 나는 아이를 안아 재워야 했다.

아이들은 원래 밤중에 자주 깬다고 한다. 잠을 못 자는 것이 이렇게 괴롭고 힘들 줄 상상도 못 했다. 아이를 낳은 부모들의 최대 스트레스는 당연 '잠을 못 자는 것'이다. 나 역시 육아를 하면서, 잠을 못 자는 괴로움이 가장 큰 스트레스로 다가왔다. 그래서 수면 교육도 해봤고, 실패도 맛보았다. 물론 성공한 부모들도 있을 것이다.

우리 아이들은 시간이 흘러 10개월 전후가 되자 잘 자기 시작했다. 수유량도 점차 늘어나니 안 먹고 자는 시간이 늘어났다. 조용한 환경을 만들어주고, 노는 공간과 자는 공간을 분리해줬다. 그리고 잘할 수 있을 거라고 믿고 기다려주니, 아이들이 스스로 해결책을 찾아냈다. 그리고 마침내, 10시간 정도를 자기 시작했다.

02

엄마도
위로가 필요한 날이 있다

우리 아이들은 책과 앨범 보는 걸 너무 좋아한다. 그중에서 앨범 보는 것을 제일 좋아한다. 거기엔 여러 사물과 사람들이 생생하게 보여서 좋은가 보다. 엄마 아빠가 나와 있는 사진을 가리키며 "응, 응." 이런다. 이야기하고 싶은 것이다. 자그마한 손으로 엄마, 아빠를 콕 집는다. "이건, 엄마지? 엄마 어딨어? 응, 이 사람은 아빠지? 아빠는 어딨어?" 이렇게 받아쳐준다. 그러면 알아듣는지 자그마한 손가락으로 옆에 있는 엄마 아빠를 가리킨다.

사람뿐만 아니라, 우리가 보지 못하는 작은 사물이나, 배경을 보고도 "응,

응." 이런다. 자세히 보면 옆에 조그맣게 오토바이가 있든가 꽃이 있든가 우산이 있다. 그럼 그 사물을 보고 설명해 달라는 것이다. 그렇게 한참이나 아이들은 앨범 속 사진을 들여다보며 논다.

돌이 되었다. 아이들은 밤중에 10시간 정도 자게 되었다. 그토록 수면 교육을 시킬 때는 소용 없더니, 지금은 밤에 수유를 안 하고도 10시간 이상을 버티며 잘 수 있게 되었다. 또한, 분리 수면을 해서, 아이들이 자는 공간과 어른들이 자는 공간을 분리해놓았다.

아이들이 잠을 잘 자니 조금의 여유가 생겼다. 오늘은 왠지 술이 한잔 생각나는 날이다. 남편에게 전화를 걸었다. 퇴근 후 집에 올 때 맥주 좀 사달라고 부탁했다. 저녁이 되어 아이들을 재우고, 냉장고를 열어 시원한 맥주를 꺼냈다. 나는 모유 수유를 끊고부터 맥주를 마셨던 것 같다. 스트레스를 맥주로 풀었던 까닭이다.

오늘도 쌓인 스트레스를 맥주로 푸는 날이다. 남편과 이런저런 이야기를 하며, 기분이 좋았다, 나빴다를 반복한다. 그러곤 남편은 피곤하다며 먼저 방에 들어가 잠을 청했다. 나는 막상 자려고 하니 아쉬움이 남았다. 이렇게 술 한잔 먹는 시간이 온전한 내 시간이기 때문이다. 피곤하지만, 이런저런 생각에 잠도 오지 않는다. 시끌벅적 정신없던 낮과는 달리, 너무도 고요한 밤이다.

창밖 너머로 희미한 달빛이 들어온다. 모두가 잠든 조용한 밤에 혼자 있으니 외로움이 밀려온다.

옆에 있는 맥주를 집으려고 손을 뻗는 순간, 아이들이 낮에 보다가 찢어놓은, 앨범 속 사진들이 눈에 들어왔다. 사진을 들어 바라보았다. 신혼여행 갔을 때의 사진이다. 사진 속에는 해맑게 웃고 있는 내가 있었다. 풋풋하고 사랑스럽다. 사진 속의 나는 어려 보인다. 특히, 수영복을 입은 사진을 보니 축 늘어진 지금의 뱃살과는 달리, 가느다란 허리가 눈에 띈다. 또, 굽어 움츠려진 어깨 대신 당당하게 펼쳐진 어깨선이 보인다. 게다가 헐크 같은 팔뚝은 어디 갔는지, 팔뚝이 매끄럽게 쭉 뻗어있다. 술이 한잔 들어가서일까…. 예전의 추억들이 새록새록 올라온다.

사진 속 신혼여행 갔을 때가 떠오른다. 발리에 도착한 뒤 다음날, 이른 아침에 눈을 떴다. 새하얀 원피스를 입고 창문을 열고, 밖에 나왔다. 온도와 습도마저 완벽한 화창한 날씨이다. 눈앞엔 만화에 나올법한 배경들이 펼쳐져 있었다. 그리스 여신상 입에서 물이 쏟아져 나오는 전용수영장이 있었다. 수영장 옆으론 하얀 파라솔과 커튼이 바람에 사르르 펄럭이고 있었다. 식당에선 맛있는 빵을 굽는 냄새가 났다. 하늘엔 작고 귀여운 새들이 지저귀며 하늘을 날고 있었다. 야외 정원 뒤쪽에 있는 어항에선 알록달록한 금붕어가 입을 뻐끔뻐끔 히며 헤엄치고 있었디. 남편괴 나는 앙지의 공주가 된 것만 같았다….

눈부시게 아름다웠다. 그곳은 천국과 같았다.

　잠시 회상에 젖어 있다가 정신을 차렸다. 예전 추억들을 떠올려보니 더욱 진한 외로움이 밀려온다. 그토록 아름다웠던 날은 다시 안 올 것만 같아 가슴이 저민다. 혼자 외로이 술 한잔하는 날이라니… 지금은 옆에서 위로해줄 사람 하나 없다. 전쟁 같은 하루가 가니, 공허함이 밀려온다. 다른 누군가에게 기대고 싶은 밤이다. 사랑하는 가족들이 곁에서 자고 있는데, 이상하게 외로움이 사무친다.

　예전에 친하게 지냈던 친구의 얼굴들이 하나둘씩 생각난다. 다들 어디 갔는지… 만나서 시원하게 속마음 한번 털어놓고 싶다. 지나간 세월만큼, 마음 편히 수다 떨 친구도 몇몇 남아 있지 않다. 바쁘고 힘들다며 그동안 연락하지 않고 지낸 친구들도 있다. 술 한잔 먹고 누군가가 위로해주었으면 좋겠다고 생각하니, 해외에 가 있는 남편 친구의 아내이자 친한 언니가 떠올랐다. 나에겐 잘해줬으나, 내가 잘해주지 못했던 언니이다.

　근처에 살았을 땐, 만나서 술 한잔 먹자고 하는 게 부담스러웠다. 나는 당시에 아이가 없었다. 술을 먹으며, 육아에 관한 이야기를 꺼내면, 내가 낄 자리가 없게 느껴졌다. 그래서 주말에 만나자고 연락이 오면, 쉽사리 나가지 않게 되었다. 그래서 남편도 서운하게 생각했다. 남편 친구들과 만나자고 하면 흔쾌히 승낙하지 않았던 까닭이다. 아이를 낳고 생각해보니, 그 언니가 새삼 대단하게 느껴졌다. 집에서 두 아이를 돌보면서도, 남편들 친구들이 놀러오면 피곤한 기색 하나 없었다. 집에 가면 항상 깔끔하게 정리 정돈되어 있었다. 같이 술도 먹으며 안주도 곧잘 만들어 주었다.

무엇보다 재미도 없는 내 말을 끝까지 들어주었다. 남편 친구들 기분까지 맞춰주느라 힘들었을 것이었다. 그런데도 아이가 없던 나조차 살뜰하게 챙겨주었다. 생각해보니, 바쁜 일상 중에서도 나를 많이 배려해주었던 것 같다. 곁에 없다고 생각하니 아쉬움이 밀려왔다.

요즘은 코로나로 인해 해외에 있는 사람들은 한국에 들어오기가 더욱 쉽지 않다. 그래서 몇 달 전 생각이 나서 영상통화를 한 적이 있다. 해외라서 영상이 자꾸 끊겼다. 그래서 제대로 된 대화를 나눌 수는 없었다. 간만에 얼굴을 보니 반가웠다. 얼굴을 보며 고마움조차 표현하지 못해 미안하다. 일상에 지쳐 있던 내가, 약간의 여유가 생겼나 보다. 옛 기억이 새록새록 생각나는 외로움 밤이니 말이다.

이해인 수녀님의 시 「아 삶이란 때론 이렇게 외롭구나」의 한 대목이다.

"어느 날 혼자 가만히 있다가 갑자기 허무해지고, 아무 일도 할 수 없고, 가

숨이 터질 것만 같고, 눈물이 쏟아지고, 누군가를 만나고 싶은데, 만날 사람이 없다."

　살다 보면 외로움이 사무치고 위로받고 싶은 날이 있다. 잘하고 있다고, 걱정하지 말라고, 곁에 있는 남편에게도 친구에게도 위로받고 싶다. 하지만 서로의 일상에 지쳐 제대로 된 마음 한번 속 시원하게 털어놓지 못한다. 이럴 때 생각해보면, 나를 위로해 줄 사람은 나밖에 없다. 차라리 외로움 안으로 '퐁당' 하며 깊게 들어가봤다. 그러니 마음 깊숙한 곳에 있는 내가 모르는 슬픔까지 올라온다. 그러니 눈물이 나기도 하고, 쓸쓸하기도 하다. 이럴 땐 속 시원하게 눈물을 펑펑 쏟아내는 것도 방법이다. 눈물을 흘리고 나니 마음이 한결 가볍다. 그러곤 매일 반복되는 일상 속에서 정신없는 하루를 보낸 나에게 위로의 말을 건넸다. 토닥토닥, 잘하고 있다고, 오늘 하루도 잘 견뎌 냈다고, 수고했다고 나에게 말해주었다.

03

남들 다 하는 육아인데
왜 나는 어려울까?

다들 한 명 키우는 것도 힘들다고 아우성이다. 그런데 한 명도 아니고, 2명이라니? 막내딸의 임신 소식을 들은 우리 엄마는 걱정부터 했다. 육아에 대해 아무것도 모르는 막내딸은 해맑게 좋아만 하고 있으니, 엄마도 답답할 노릇이었다. 역시나, 쌍둥이를 낳아 기르는 건 몹시나 힘들었다. 밥 먹고, 놀고, 재우고, 기저귀 갈기의 무한도전이다.

첫 아이가 한 명도 아니고 쌍둥이라니 확실히 어려운 점이 많았다. 쌍둥이는 임신하면서부터 심적으로 괴롭다. 쌍둥이들은 태어나기도 전에 뱃속에서 엄마 자리를 차지하기 위해 경쟁한다고 한다. 한 자궁 안에서 둘이서 집을 지어 10달 동안 살아야 하니 당연한 일이다. 나의 골반 위쪽에는 큰아이가 자리를 잡았고, 배꼽 오른쪽엔 작은아이가 자리를 잡고 있었다. 좁은 자궁 안에서 두 아이가 자라나니 공간이 여유가 없어 불쌍했다.

병원에서 3D 촬영을 하는 날이다. 내 아이들 얼굴이 어떻게 생겼을지 무척 기대하면서 병원에 찾아갔다. 고개를 돌려야 아이들 얼굴을 볼 수가 있는데, 둘 다 고개를 돌리지 않아 보이지 않았다. 선생님께서 산책하고 오란다. 운동하고 나면 고개 방향이 돌려져 있어 얼굴을 볼 수도 있다고 하셨다. 남편과 나는 병원 근처를 산책하며 아이스크림 하나를 물었다. 단 음식이 들어가면 아이들이 활발하게 움직인다는 소리를 들었기 때문이다.

다시 3D 영상 촬영을 하기 위해 들어갔다. 역시나 고개를 돌리지 않았다. 그리고 큰아이는 아랫배 골반 쪽에 머리가 낀 것 같다고 하였다. 고개를 안 돌리는 게 아니라, 고개를 돌릴 수가 없는 상황이란다. 자리 잡은 자궁의 장소가 협소에서 고개를 돌릴 수 없던 이유이다. 끝내, 아이들 얼굴을 볼 수가 없었다.

그리고 아이들이 태어났다. 태어났을 당시에도 큰아이는 고개가 한쪽으로 돌아가 있었다. 배 속에서 얼마나 고개를 돌려보고 싶었을까, 얼마나 답답했을까…. 너무 안쓰럽고, 미안했다. 혹시나 사경은 아닐까 하는 걱정도 밀려왔다. 다행히 목 뒤에 덩어리가 만져지지 않았다. 틈틈이 반대쪽으로 고개 스트레칭을 자주 해주었다. 시간이 지나자 고개는 정상으로 돌아왔다.

쌍둥이는 배 속에서도 음식을 나눠 먹어야 했다. 쌍둥이치고는 잘 키웠다고 하지만 평균보다는 체중이 적게 나갔다. 조리원 친구들도 우리 아이들을 보고는 "귀엽다.", "예쁘다."라는 말보다, "진짜 조그맣다."라는 소리를 많이 했었다.

아이를 낳고 나니, 둘이 동시에 울음을 터트릴 때면, 그렇게 난처할 때가 없다. 특히 배가 고프다고 같이 울어버리면, 상황은 급박해진다. 큰아이에게는 셀프수유 쿠션을 가져와 젖병을 꽂아준다. 그리고 작은아이에게 줄 분유를 재빨리 타야 한다. 분유를 타는 중간에 셀프수유 쿠션으로 먹던 아이의 젖병이 빠지기라도 하면 울고불고 난리가 난다. 그러면 달려가 다시 젖병을 꽂아준다. 그사이에 작은아이는 배가 고프니 빨리 분유를 타달라며 작정하고 울기 시작한다. 그러면 정말 영혼이 가출한다. 마음이 급해져 분유를 타는 손마저 덜덜 떨린다. 다시 재빨리 달려가서 작은아이에게 젖병을 물려준다. 잠깐의 평화가 찾아온다.

그렇게 분유를 다 먹으면 역류방지 쿠션에 올려놓는다. 한 명씩 차례대로 트림을 시킨다. 트림이 바로 나오면 그렇게 기쁠 수가 없다. 하지만, 트림을 빨리하지 않으면, 한 아이는 역류방지 쿠션에서 한참이나 누워 기다려야 했다. 그러다 이따금씩 입이나 코로 게워내기도 했었다.

그리고 수유 시간을 무조건 메모해놓아야 한다. 안 그러면 누가 얼마나 먹었는지 헷갈리기 때문이다. 새벽에 정신이 하도 없어 둘을 반대로 적어놓은 적도 종종 있었다. 그래서 먹였던 아이에게 또 먹인 적도 있다. 그렇게 새벽을 보내고 아침이 되면 설거지통에 젖병만 산더미처럼 쌓여 있었다. 가끔 젖병이 모자란 적도 있었다.

조금 더 크니, 졸리거나, 배가 고프면 나에게 둘이 와서 안아달라며 매달린다. 남편이 있거나 도와주시는 선생님이 옆에 계시면 괜찮지만, 혼자 있을 땐 한 아이만 안아줄 수 밖에 없다. 엄마는 한 명이기에 동시에 둘을 안아 줄 수 없는 이유이다.

놀아줄 때도 어쩔 수 없이 더 예민하게 구는 아이에게 신경 써줄 수밖에 없다. 우리는 작은아이가 예민한 성격이었다. 그렇기에 작은아이 위주로 먼저 안아주고 신경을 더 써주게 됐다. 둘 다 잠이 들고 난 뒤, 큰아이 얼굴을 보고 있으면 눈 맞춤도 못 해주고, 안아주지도 못해 미안함이 밀려온다.

유모차도 둘이 함께 타야 한다. 쌍둥이 유모차라고 너무 큰 유모차를 사게 되면, 마트나, 식당 입구에서 유모차가 걸리게 된다. 그리고 기저귀나, 장난감을 살 때도 뭐든 2개씩 사야 한다. 간식이나 이유식도 2배로 챙겨줘야 한다. 그 때문에 하루에 한 번은 이유식을 만들어놓아야 한다.

그리고 쌍둥이는 감기에 걸리면 같이 걸린다. 같은 공간에서 같이 생활 하므로 한 명이 감기에 걸리면 다른 아이에게도 옮긴다. 최근에 갑자기 날씨가 쌀쌀해진 탓에, 큰아이가 감기에 걸렸다. 큰아이 코에서 맑은 콧물이 나오기 시작하더니 미열이 났다. 결국, 온도를 재보니 38도가 넘었다. 해열제를 찾아 먹였다.

하루가 지나고 다음 날 아침이 됐다. 병원에 가려고 준비하던 중이었다. 그런데 멀쩡했던 작은아이도 열이 나는 것이다. 우리 아이들은 내가 안 보는 사이에 공갈 젖꼭지를 바꿔치기할 때도 있다. 물병도 가끔 바꿔 먹는다. 그리고 잠도 같이 자니 작은아이에게도 감기가 옮은 것 같다. 결국, 같이 병원에 가서 진료를 받고 약을 처방받아 왔다.

몇 해 전, 이휘재가 쌍둥이들을 낳아 기르는 장면을 TV 프로그램 〈슈퍼맨이 돌아왔다〉를 통해 보게 되었다. 결혼 후 쌍둥이 아들들을 데리고 일상을 공유하고 있었다. 그날은 한 아이가 장염에 걸려서 아팠다. 어른도 장염에 걸리면 아픈데 어린아이는 표현도 못 하니 안쓰러웠다. 아픈 자식을 보는 부모의 마음은 더욱 힘이 들었을 것이다. 화면 속에 보이는 이휘재 씨도 아들의 아픈 모습을 보며 안쓰러워했다.

장염에 걸려서 자꾸 설사하는 이이의 기저귀를 새벽에 몇 번이나 갈아주었다. 그리고 분유를 먹여주고 얼마 지나지 않아, 한 아이가 계속 울면서 칭얼댔다. 한참이나 울던 아이를 안아주고, 달래도 봤지만, 울음은 쉽게 그치지 않았다. 바닥에 내려놓은 아이가 젖병 쪽으로 기어가더니 젖병을 만지작거렸다. 이휘재 씨는 그 모습을 보고 혹시 배고픈 게 아닌가 하고 우유를 타서 젖병을 물려주었다. 그랬더니 언제 그랬냐는 듯 울음도 그치고 조용해졌다.

알고 보니 원래 240mL의 우유를 먹던 아이가 200mL밖에 먹지 않아 우유가 40mL 정도 모자랐다. 그도 그럴 것이, 양도 모자란 데다 장염에 걸려 계속 설사를 해서 배가 더 고팠던 것이다. 정준하에게 전화를 걸어 안부를 물어보는 중 "쌍둥이 한 번도 안 키워봤으면 말을 하지 마라." 하며 육아에 대한 고충을 토로했다.

맘 카페를 둘러보던 중, 쌍둥이 육아는 혼자 절대 불가능하냐는 질문이 올라와 있었다. 그 질문에 대한 대답은 다음과 같다.
'네, 아기 낳아보시면 그 말 쏙 들어갑니다.'

'하나도 죽겠는데 둘은 어휴… 힘들어요.'

'한 명도 정말 힘든데, 2명은 2배가 아니라 몇 십 배 힘들 거예요.'

'아이 낳아보면 상상 이상이에요.'

산책하던 도중, 지나가는 아주머니가 우리 아이들을 보고 발걸음을 멈추었다.

"어머, 쌍둥이예요?"

"네. 하하하."

"둘 다 남자아이예요~? 어머, 엄마가 진짜 힘들겠다."

"네, 그렇죠. 뭐."

"우리 딸내미는 한 명 키우는데도 힘들어 죽겠다고 하는데, 엄마가 씩씩하네."

산책하면 가끔 우리 아이들을 보며 어른들이 한마디씩 위로의 말씀을 해주신다. 쌍둥이라 예쁘지만 키울 땐 정말 힘들겠다며 기운 내라고 하신다.

남들 다 키우는데 뭐가 그렇게 힘드냐고 할 수도 있겠다. 하지만 쌍둥이는 뭐든 2배의 정성이 들어가야 한다. 육체적 노동과 정신적 노동도 말이다. 물건도 2개씩 사야 할 때가 많고, 몸도 2배로 움직여야 한다. 이러한 수고가 온

몸 구석구석 매일매일 차곡차곡 쌓인다. 그러다 보니 그 고충이 몇 배로 다가오는 것 같다.

혼자 있을 때 동시에 울거나, 동시에 다가와 안아달라고 하면 정말 난처할 때가 많다. 누구를 먼저 봐줘야 할지 고민되기 때문이다. 급한 마음에 더 칭얼거리는 아이를 먼저 챙겨주긴 하지만, 못 챙겨주는 아이에게 미안한 감정이 드는 건 어쩔 수 없는 일이다. 동시에 문제를 해결해주면 좋으련만…. 이럴 땐 엄마의 현명한 대처가 필요하다.

내가 아이를
잘 키울 수 있을까?

나처럼 게으르고 먹고 놀기 좋아하는 사람도 없을 것이다. 틈만 나면 앉아 있고, 누워 있기 좋아하는 성격이다. 남편도 그런 나를 바라보며, "너처럼 누워 있기 좋아하는 사람은 처음 본다."라고 했다. 그런 내가 아이를 낳아서 키운다니, 과연 잘 키울 수 있을지? 의문이 들었다. 최근 TV에서 가수이자 방송인인 이효리 씨 역시, 현재 아이를 갖기 위해 준비 중이라고 한다. 그러면서 "내가 아이를 잘 키울 수 있을까?"라며 걱정을 내비쳤다.

내가 초등학생 때였다. 학교 앞에서 팔던 병아리를 한 마리 사서 집에 온

적이 있다. 집에 와보니, 병아리가 3마리나 더 있었다. 큰언니, 오빠, 작은언니까지 각자 병아리를 한 마리씩 사 가지고 집에 온 것이다. 우리 사 남매는 각자의 병아리에게 이름을 붙여줬다. 키우기 시작했다.

첫날부터 내 병아리가 삐약삐약 소리 지르며 울기 시작했다. 배가 고픈 것 같았다. 당시 우리 집은 쌀장사를 하고 있었다. 그렇기에 병아리 모이는 충분했다. 집에 있는 좁쌀을 모이로 던져주었다. 입만 갔다 대더니 먹지 않았다. 어딘가 아픈지 연신 삐약삐약 울어댔다. 불쌍해서 안아주고, 재워주려 했지만 밤새도록 계속 울어댔다. 그리고 다음 날 아침이 됐다. 병아리는 눈을 감고 뜨지 못했다. 어린 나이였지만 충격이었다. 내가 잘 돌봐주지 못해 그런 것만 같았다. 아빠 말로는 몸이 아팠던 병아리를 데리고 온 것 같다고 말하였다. 하지만 너무 불쌍하고 미안했다. (그리고 나머지 1마리는 개에 물려 죽고, 나머지 2마리는 성조가 되어 시골로 보냈다.)

그렇게 병아리를 떠나 보내고 몇 달이 지난 어느 날이었다. 옆집에 살던 개가 새끼를 낳았다고 해서 구경을 갔다. 꼬물꼬물하는 강아지들이 너무 귀여웠다. 며칠이 지나 옆집 아저씨가 강아지를 입양 보내기로 했다고 말하였다. 친오빠와 나는 강아지를 우리가 키우면 안 되냐며 졸라 댔다. 우리의 강력한 호소에 강아지 한 마리를 데려오게 되었다.

강아지가 생기자 이름을 지어주기로 했다. 여러 이름이 후보에 올랐으나 엄마가 둘리는 어떠냐며 의견을 제시했다. 그때 한참 TV에서 방영된 만화영화 주인공의 이름이었다. 우리 남매들은 다들 좋다고 했다. 그렇게 '둘리'는 우리 집 식구가 됐다. 집에 온 지 하루가 되는 날이다. 우유도 먹여주고, 귀여워서 볼에도 뽀뽀해주고, 한참을 안고 쓰다듬어줬다. 귀여운 강아지가 생기자 하늘을 날 듯 기뻤다. 그리고 밤이 되어 식구들은 잠을 청했다.

밤이 되자, 둘리가 엄마를 찾는지, 우유를 찾는 것인지 "낑…낑…낑…"거렸다. 졸린 눈을 비비고 일어나 강아지를 보았다. 먼저 나온 오빠가 둘리를 안고 있었다. 둘리가 우는 소리에 걱정되어 나와 있던 것이었다. 배가 고픈 것 같다며 우유를 줬다. 나는 눈을 뜨긴 했지만 비몽사몽 잠이 깨지 않았다. 그리고 잠시 후 잠이 들었다.

하지만 몇 시간마다 강아지 울음소리가 들려왔다. 나는 너무 졸려서 우는 강아지 소리를 외면했다. 밤새도록 낑낑 우는 소리가 났지만 결국 나는 일어나지 않았다. 다행히 오빠가 새벽마다 둘리를 보살펴줬다. 그 덕분에 둘리는 잘 커나갔다. 내가 초등학교를 졸업할 때까지 둘리는 우리 가족들과 함께했다.

예전에 애완동물을 키웠을 때를 생각해봤다. 애완동물도 잘 키우지 못한 내가 아이를 낳으면 잘 키울 수 있을지 걱정이 썰물처럼 밀려왔다. 둘리는 오빠와 엄마가 밤새 돌봐줬기 때문에 잘 클 수 있었다. 나는 너무 졸린 나머지 밤에 나가보지도 않았다. 그리고 시간이 흘러 아이를 낳게 되었다. 목숨같이 사랑스러운 내 아이들이기 때문에, 더욱 열심히 아이들을 돌보았다.

아이들 돌 기념 스튜디오 촬영을 하루 앞둔 날이었다. 때는 토요일 점심이었다. 남편과 나는 밥을 차려 먹기도 번거로워, 간단하게 빵을 먹기로 했다. 근처에 있는 파리바게뜨에 들렀다. 빵을 사서 집에 왔다. 그러곤 빵을 먹으려 포장을 뜯고 한입 베어 물려던 참이다. 그런데 먹기만 하려고 하면, 두 아이가 내 발을 붙잡고 매달려 칭얼거렸다. 귀찮기도 하고 먹기도 해야 했다. 마침 옆에 있는 빵 봉지가 눈에 들어왔다. 빵 봉지를 가지고 놀라며 큰아이에게 툭하고 던져주었다.

그리고 남편과 함께 빵을 맛있게 먹고 있었다. 그런데 남편이 큰아이에게 던져줬던 빵 봉지의 비닐 한 부분이 없어진 것 같다고 하였다. 혹시 큰아이가 뜯어 먹은 거 아니냐고 했다. '설마, 비닐봉지를 뜯어 먹었겠어?' 하고 생각했다. 그런데 그때였다. 갑자기 큰아이가 캑캑하기 시작하는 것이었다. 나는 너무 놀라 아이의 입을 벌렸다. 입속에 비닐이 들어가 있는지 확인했다. 하지만 비닐은 보이지 않았다. 아이는 캑캑거리며 나에게 안아달라며 손을 뻗었다. 그리고 나를 쳐다보았다.

나는 아이를 안고 등을 두드려줬다. 그래도 캑캑거리는 소리가 멈추질 않는다. 물이라도 먹일까 싶어 물을 입에 넣어주었다. 물이 입에서 겉돌고 흘러나왔다. 이번엔 손으로 공갈 젖꼭지를 가리키길래 입안에 넣어줬으나 젖꼭지도 못 빠는 듯했다. 그때 아이가 심상치 않다는 느낌을 받았다. 아이는 갑자기 목소리조차 나오지 않았다. 그러더니 얼굴이 새빨갛게 변했다. 보아하니 숨을 쉬지 못하는 것이었다. 기도가 막힌 것이다.

나는 너무 놀라서 "오빠⋯. 얘가 이상해⋯. 어떡해!!!" 하고 소리를 지르며 남편에게 아이를 넘겨줬다. 심장이 터질 듯 빨리 뛰었다. 눈에선 눈물이 터져 나왔다. 너무 무서웠다. 아이가 잘못되면 어쩌지 하는 불안한 생각이 올라왔다. 큰아이는 아빠 품에 안겨서 숨도 못 쉬고 눈도 충혈되어 붉어져 있었다. 그러곤 눈물이 맺힌 눈으로 내 얼굴만 바라보고 있었다.

그러더니 갑자기 검은자가 뒤로 넘어가려고 하는 것이다. 그 모습을 보는 순간 손발이 떨리고, 심장에 비수가 박히는 듯했다. "아⋯. 어떡해, 우리 아기 어떡해!!!"라며 발을 동동거리고 비명을 질렀다. 그리고 눈에서는 하염없이 눈물이 흘러내렸다. 아이가 숨을 쉬지 못한다니, 너무 끔찍했다. 일분일초에 생과 사를 오가는 상황이 되었다. 나는 울고 불며 119에 전화를 걸었다. 그 시간은 정말 지옥 같았다. 남편은 아이를 안고, 등을 두드리며 응급 처치를 하고 있었다.

"여보세요."

"우리 아이가 지금 숨을 못 쉬고 있어요. 얼굴도 빨갛게 변하고, 동공이 뒤로 넘어가려고 해요. 어떻게 해요. 빨리 와주세요~!!"

흐느끼며 말하였다.

"주소가 어떻게 되세요? 아이는 의식이 있어요?"

"조금 전까진 있었는데, 지금은 모르겠어요. 아이가 비닐을 삼킨 것 같아요."

"비닐이요? 지금 가고 있으니까, 전화 끊지 말고 말하세요."

둘째 아이도 이상한 느낌을 감지했는지, 멍하니 엄마 아빠만 바라보고 있었다. 119와 통화하는 시간이 더디게만 흘러갔다. 눈물은 하염없이 주르륵 흘러내렸다.

"지금은 어때요? 아기 목소리가 들리는데, 소리로는 괜찮은 것 같네요."

"쌍둥이예요. 큰아이는 아직 소리를 못 내고 있어요⋯. 최대한 빨리 와주세요, 빨리요!!"

그때였다. 갑자기 큰아이 울음소리가 들렸다. 쳐다보니 얼굴색도 한결 돌아와 있었다. 휴…. 약간의 안도감이 들었다. 내가 통화를 하는 동안 남편은 아이에게 '하임리히법'을 실시하고 있었다. 아이의 등과 가슴을 압박하던 중 아이가 토를 한 것이다. 그러면서 목에 걸린 비닐 일부분이 빠져나왔다. 혈색이 돌아온 큰아이 모습을 보니 얼마나 다행인지…. 나는 종교가 없지만, 하나님께 절로 감사하다는 말이 나왔다. 몇 분 후 119 구급 요원들이 집에 도착했다. 그러곤 아이의 상태를 확인하고 돌아갔다. 나는 놀란 가슴을 진정시켰다.

그날 밤이 되었다. 아이를 안아 재우고 있었다. 큰아이가 졸린 눈을 비비며 나를 뚫어지게 바라보았다. 나를 바라보는 아이의 눈을 보니, 낮에 있던 일이 생각났다. 이렇게 살아서 눈을 맞춰 주는 아이가 너무 고마웠다. 그냥 모든 게 다 감사했다. 그렇게 아이를 하염없이 바라보고 있었다. 그때, 아이가 입을 뻐끔뻐끔 움직인다. "으… 어… 마… 으… 어… 마…" 하는 것이다. 처음엔 그냥 의미 없는 소리인 줄로만 알았다. 그런데 마침내 "음…마!"라고 부르는 것이었다. 큰아이가 태어나서 처음으로 엄마라고 부른 것이다.

가슴 속에서 수많은 감정이 울컥하고 올라왔다. 그동안 잠 안 잔다며, 놀아 달라고 하는 아이를 귀찮게만 여기던 나였다. 내가 너무 부끄러웠다. 엄마라고 잘해준 것도 없는데…. 엄마라고 불러 주니 고마웠다. 눈을 맞추며 엄마라고 불러주는, 한없이 귀하고 소중한 내 아이가 곁에 있어줘서 너무 고마웠다. 그리고 사랑한다고 귓가에 대고 속삭여주었다.

이런 일이 있고 난 뒤 나는 육아가 더 어려워졌다. 온 신경이 예민해진 탓이다. 구강기의 아이들인데, 뭐든 입에 넣고 삼킬까 봐 노심초사했다. 입에 물건이 들어가면 화를 냈다. 그리고 입에 넣지 못하게 공갈 젖꼭지를 물렸다. 기도가 막혔던 일이 트라우마로 남았던 까닭이다. 잠을 자던 중간에도 한 번씩 불인힘이 밀려왔다.

'혹시 내가 안 볼 때 아이가 입에 넣고 잘못 삼키면 어떡하지? 남편도 없고, 나 혼자 있을 때 그런 일이 발생하면 어떡하지?'

겁이 나고 무서웠다. 생과 사를 오가는 모습을 보며 내가 아이를 잘 키울 수 있을지 의문이 들었다. 그만큼 육아에 대한 자신감도 저만큼 떨어져 있었다.

05

집안일이
쌓이고, 쌓이고, 쌓인다!

결혼 생활은 빨리 시작했지만, 워낙 살림에 관심이 없었다. 집안일도 잘할 줄 몰랐다. 자랑은 아니지만, 집안의 막내딸로 태어나, 요리 한 번 설거지 한 번 안 해 봤었다. 엄마랑 있을 땐 당연히 엄마가 요리를 해주었고, 아빠랑 둘이 있을 땐 아빠가 요리를 해주었다. 언니, 오빠랑 있을 땐 언니 오빠가 요리를 해주었다. 입맛은 까다롭지 않아, 뭐든 해주면 잘 먹었다. 그러니 내가 요리나 집안 살림에 대해 알 기회가 별로 없었다. 게다가 관심도 없었다.

이이가 없었을 때는 남편이랑 집안일에 권련해서 싸울 일이 없었다. 남편은 외식을 좋아하는 성격이라 둘이서 외식을 자주 했었다. 요리는 잘하지 못해도 그걸로 문제 삼지 않았다. 둘만 지내니 집안일도 많지 않았다. 가끔 남편이 불만이 있었지만, 그걸로 싸우거나 문제 삼지 않았다.

그런데 문제는 아이를 낳고부터 시작됐다. 아이를 낳고 나니 집안일이 늘어났다. 게다가 신경 써야 할 게 많았다. 신생아였을 때는 분유를 먹고는 자주 게워 냈기 때문에 옷과 손수건 등 빨랫감이 많이 나왔다. 면역력이 약한 아이들은 위생에 더욱 신경 써야 했다. 그리고, 젖병은 얼마나 많이 나오는지…. 설거지통에 젖병만 12개 이상 나와 있었다.

산후도우미 이모님이 가시고, 집안일까지 해야 하니, 집안일은 자꾸만 쌓여갔다. 남들 다 있다는 세탁건조기도 없었다. 매일 빨래를 건조대에 털어 널어야 했다. 장마철이면 빨래가 마르지 않아, 빨래를 못 할 때도 있었다. 그러면 하루치가 또 쌓여갔다. 남편은 쉬는 날이면 내가 아이를 돌봐야 하니 집안일 처리해주기에 바빴다.

남편도 평일엔 회사에 출근하고, 저녁엔 아이를 같이 재워야 한다. 그리고 주말엔 집안일까지 해야 하니 피곤이 쌓였나 보다. 나만 보면 잔소리를 해대는 통에 골머리가 아프다. 심지어 친구들까지 비교해가며 나보고 집안일 좀 잘해보라며 면박 주기 일쑤였다. 그러면 애들 키우느라 바빠 죽겠는데, 잔소리하는 남편을 보고 있자니 한 번씩 울컥하고 짜증이 올라왔다.

　나는 아이들 이유식을 먹이고 있었고, 남편은 설거지하던 중이었다. 그날도 설거지하는 남편에게 잔소리 폭격이 시작되었다. "너의 가장 큰 문제점은 설거지통에 있는 접시들을 바로 치우지 않는다는 거야."라며 이러쿵저러쿵 해대기 시작했다. 듣고 있자니 기분이 상했다.

　그때 내 앞에 있는 아이들이 이유식을 잘 먹어주기라도 하면 좋으련만, 뭔가 불만인지 앞에서 칭얼거리기 시작했다. 아이들의 울음소리와 잔소리 폭격까지 시작되니 짜증이 밀려왔다. 이유식을 먹이던 숟가락과 식판을 내던져 버리고 뛰쳐나가고 싶었다.

　"아, 진짜 그만하라고. 짜증 나게 왜 그래!"라고 화를 냈다. 남편은 "네가 왜 짜증을 내는데! 화를 낼 사람이 누군데 짜증을 내!"라며 반박하였다. 그 말을 들으니 화가 더 치밀어 올랐다. 남편은 내가 집에서 놀기만 하는 줄 아는 것 같다. 애들 생기기 전엔 일절 살림에 대해 한마디 안 하더니, 몸도 마음도 피곤한데 이제 와 왜 이러나 싶었다. 그러니 말하기도 싫고 둘의 대화는 단절되었다.

　남편은 그 이후에도 내 얼굴만 보면 집안 살림에 대해 계속 말하였다. 내가 왜 이제야 잔소리를 늘어놓느냐고 하니, 아이가 생겼으니 엄마 아빠를 보고 자라날 아이들이기에 더 신경 써서 잘해야 한다고 했다. 부모가 신경 써주지 않으면 지저분한 아이가 된다고 했다. 남편의 말도 틀린 말은 아니었다.

싸우고 한참이 지난 뒤, 화가 조금 가라앉았다. 남편과 둘이 식탁에 앉아 대화를 시작했다. 남편은 나에게 조금만 잘해줬으면 좋겠다고 하였고, 나는 조금만 이해해달라고 하였다. 서로 알겠다고 했다. 그 후론 시간이 날 때면 집안일에 좀 더 신경 쓰기로 했다. 헌데 애들이 장난감을 가지고 놀면, 치워도 나오고, 치워도 나오고 끝이 없다. 게다가 잠이 들고 난 후에 밥이라도 차려 먹으면 다시 설거지가 나와 있었다. 이러니, 집안일은 계속 쌓여가고, 정신은 피폐해져갔다.

그렇게 몇 달이 지나고, 주말이 되었다. 그날도 서랍장 문을 열어보며 '이게 왜 여기 있냐, 저 위치가 좋지 않겠냐'라며 남편이 운을 띄었다. 말을 듣는 순간 내 표정이 변하는 걸 남편도 눈치챘는지, 더 이상 잔소리는 하지 않았다. 잠시 후 내가 화장실에 갔다 온 사이, 남편은 서랍장에 있는 물건들을 다 끄집어내 정리를 하고 있었다. 15개월이 넘어간 아이들은 아빠가 서랍 정리하는 모습이 신기한 모양이다. 호기심 어린 눈으로 바라보며 재밌어하고 있었다. 그렇게 남편은 집안 정리를 하게 됐고, 나는 아이들과 함께 옆에서 놀아주게 되었다.

그동안 정리하지 못했던 물건들이 산더미 같이 나왔다. 쓰지도 않는 물건들이 왜 이렇게 많은지…. 정리하고 나니, 남편은 이제 만족하였는지 개운하다고 했다. 나도 집안이 정리되니 홀가분했다. 내심 정리를 해준 남편에게 고마웠다.

쌍둥이를 임신했을 때의 일이다. 나는 태교로 가까운 도서관에 가서 책을 읽곤 하였다. 책을 둘러보던 중, 나에게 마스다미츠히로 저자의 『청소력』이라는 책이 눈에 띄었다. 책을 대여해서 집에 가져 왔다. 침대에 무거운 몸을 눕혔다. 그리고 그 책을 읽어 내려갔다. 쓰레기 공원으로 유명했던 디즈니랜드가 청소 전문 스태프 덕분에 꿈의 세계인 월트디즈니가 탄생하게 된 일화가 나와 있었다.

책에는 화장실 또한 깨끗해야 한다는 내용의 이야기들이 펼쳐져 있었다. 책을 보니 왠지 나도 청소를 해야만 할 것 같았다. 그래서 오늘은 화장실 청소를 깨끗하게 하기로 했다. 산더미만 한 배를 이끌고 안방에 있는 화장실에 들어갔다. 안방 화장실에 있는 세면대와 바닥을 닦고, 변기까지 열심히 닦았다. 그러곤 거실에 있는 화장실로 돌진하여 다시 열심히 닦았다. 그리고 나니 기력이 빠졌다.

갑자기 누워 있는데 배가 이상하게 뒤틀거린다. 태동과는 다른 느낌이다.

아랫배가 살살 아프기 시작했다. 움직이지도 못하고 그대로 누워만 있었다. 그대로 잠이 들었다. 괜찮아지는가 싶더니 다시 아프기를 반복했다. 혹시라도 배 안에 있는 아이들이 잘못될까 두려움이 밀려왔다.

다음 날이 되었다. 몸이 나아지지 않자, 아침부터 산부인과를 찾았다. 의사 선생님께서 자궁수축이 온 것 같다며 검사를 하자고 하였다. 검사실에 들어갔다. 자궁수축의 정도에 따라 그래프가 그려졌다. 시간을 재보니, 몇 분마다 수축 강도가 올라갔다. 검사한 그래프를 가지고 의사 선생님께 보여줬다. 자궁수축이 왔으니 링거를 맞아보자고 했다. 그래도 수축이 진행되면 위험할 수 있으니 경과를 지켜봐야 한다고 했다. 링거를 맞은 후 다시 검사했다. 그래프를 보니 강도가 낮아졌다. 귀가해도 좋다고 했다. 하지만 다음에도 자궁수축이 있으면 위험하니 운동하지 말고, 최대한 움직임을 자제하는 것이 좋겠다고 했다. 책을 읽고 간만에 청소를 열심히 했다가 이런 일이 벌어질 줄은 상상도 못했다.

정리정돈을 잘하려면 어떻게 해야 할까? 하고 인터넷 검색창을 열어 찾아보았다. 먼저 필요한 물건과 필요 없는 물건을 잘 구별해야 한단다. 그러기 위해선 비우기를 실행해야 한다고 나와 있다. 물건을 잘 구분하여 버리고, 정리한 물건을 알맞은 공간에 배치해야 한다. 그런 후 적당한 공간에 수납을 잘해야 한다고 나와 있었다. 여기서 가장 중요한 건, 시간이 날 때마다 틈틈이 정리와 정돈하는 습관을 들여야 하는 것이란다.

어쩔 땐 정말 우렁각시라도 나타나 집안일 좀 도와주었으면 하는 생각이 간절할 때가 있다. 집안일은 왜 자꾸 쌓이기만 하는 걸까? 남편은 나에게 일 머리가 없는 것 같다고 했다. 적은 시간으로 일을 효율적으로 해야 하는데 그렇지 못하다는 것이다. 경험해보니 시간이 없을수록 일을 효율적으로 해야 하는 것은 맞는 말이다.

06

육아서를 읽을수록
내 부족함만 깨닫는다

육아라는 미지의 세계를 정복하기 위해 육아서적을 꺼내 들었다. 모르니까, 불안하니까, 걱정되니까, 아이들을 조금이라도 잘 키워볼 요량으로 책을 꺼내 들었다. 이 책이라면 나에게 해답을 제시해 주지 않을까 하는 기대와 함께 책장을 넘긴다.

수면 교육을 실패한 이후, 남편이 책을 한 권 사 왔다. 파멜라 드러커맨의 『프랑스 아이처럼』이라는 책이었다. 프랑스 육아법에 대해 나와 있는 책으로, 이 책을 산 결정적인 이유는 생후 2~3개월의 프랑스 아기들은 밤새 단 한

번도 깨지 않고 잔다는 내용이 있었기 때문이다. 매일 밤 자다가 깨서 칭얼대는 아이들에게 이 책이 해결책이 되어줄 것만 같았다.

프랑스 부모들은 최악의 경우라도 생후 6개월 이전에는 밤새 잘 자게 되는 것이 당연하다고 생각한단다. 4개월 정도가 수면 적령기이고, 4개월 적령기를 놓친 부모들에게는 다소 극단적인 방법을 권한다고 한다. 아기의 기분을 편하게 하도록 먼저 목욕도 시키고, 노래도 불러준다. 그런 후 아이가 깨어 있을 때 적당한 시간에 아기 침대에 눕힌다. 그럼 다음 오전 7시까지 아기를 그냥 놓아두는 것이다.

우리 아이는 안아 재워야 했다. 잠이 들더라도, 새벽에 자꾸 깨는 게 문제였다. 6개월이 넘었으니, 적령기를 놓친 셈이었다. 이제라도 밤부터 아침까지 잘 자주면 좋겠다고 생각했다. 우리는 책에 나와 있는 것처럼 아이와 따로 자기로 했다. 울더라도 바로 달려가지 않고 잠깐 기다리기로 했다. 안방에 펜스를 친 다음, 위험한 물건은 다 치워놓았다. 아이들을 잘 볼 수 있게 CCTV도 설치해놓았다. 새벽에 울음소리가 들리면 상황을 살펴봐야 하기 때문이다. 아이가 잠이 들었고, 새벽이 되었다. 큰아이가 깨서 엉엉 울기 시작했다. 배가 고픈 것 같았다. 하지만 바로 달려가지 않았다.

책에 "배기 고프디고 반드시 먹어야 하는 것은 아니다. 어른들도 한밤중에

공복감을 느낀다."라는 글이 있었기 때문이다. 그래서 당장 달려가지 않고 기다려보았다. 울음소리가 점점 더 커진다. 분유를 타주지 않으면 밤새자지 않고 울 기세다. 울음이 멈추지 않으니 어쩔 수 없었다. 주방에 있는 젖병을 집어 분유를 탔다. 안방으로 들어가 큰아이 입에 젖병을 물렸다. 분유를 한숨에 다 먹고는, 만족해하며 다시 잠이 들었다. 결국, 너는 오늘도 밤중 수유를 하고 말았다.

아이가 다시 잠이 들어서 다행이었다. 한편으로는 내가 잘못된 선택을 한 것만 같아 씁쓸한 마음이 올라왔다. 그 이후로도 새벽에 우는 아이에게 젖병을 갖다 줄 때마다 나는 죄인이 된 것 같았다. 울더라도 나만 조금 참고 견디면 되는데…. '혹시 내가 밤새 자꾸 깨는 아이로 만드는 것이 아닐까?'하는 생각이 들었다.

육아에 대한 자신감을 얻어볼 요량으로 책을 펼쳐보았다. 자신감은커녕, 자괴감만 늘었다. 내용은 유용하였으나, 내 아이의 시기와 내 육아 방식이 책과는 조금 맞지 않는 듯했다.

어느 날 남편 친구네 놀러가게 되었다. 그곳에서 육아서에 관한 이야기가 나왔다. 최근에 육아서적을 읽어본 적이 있냐는 것이다. 읽어도 보았고, 실행에 옮겨 보기도 했다고 했다. 그러나 그대로 되기 어려웠다고 말했다. 그 말을 들은 오빠 친구는 육아서를 읽으면 오히려 현실과 괴리감이 든다고 했다. 그 오빠뿐만이 아니라 주위에 육아하는 친구들을 보면 책을 읽고, 그대로 실행되지 않아, 오히려 자기 탓만 하게 된다는 것이었다.

내가 잘하는 건지 모르겠을 때, 육아서적을 읽고 도움을 청하였으나, 절망만 커지는 것이다. 엄마가 우리 집에 놀러 오셨다. 엄마에게 "자식 4명을 도대체 어떻게 키우셨어요?" 하고 물었다. 엄마는 "나는 너희들 키울 때 어려운 줄 모르고 키웠다. 요즘처럼 까다롭게 키우면 어떻게 키우냐?"라며 고개를 저으신다. 우리 부모님이 우리를 키웠을 시대에는 육아서적도 없었을 테다. 그런데 우리 부모님들이 아이들을 더 쉽게 잘 키우셨던 것 같다. 요즘엔 넘쳐나는 정보들로 인해 더 혼란스러울 때가 많다.

최근엔 아이들의 이유식을 어떻게 만들어야 할까 고민이다. 그래서 이유식 관련 책을 펼쳐 보았다. 재료별 분량 맞추기부터 물의 양, 무게 재는 법, 육수 내는 법 등 다양한 정보가 들어 있었다. 책에 있는 대로만 하면 쉬울 것 같았다. 우선 초기 이유식은 쌀미음부터 시작하기 때문에 불린 쌀과 물만 있으면 된다. 미음 만들기는 쉬웠다. 그렇게 이유식 1단계를 거쳐, 중기 이유식, 후기 이유식을 하게 되었다. 하지만 책을 읽고 실행한 것은 미음 만들기까지가 전부였다. 이후엔 내가 만들기 편한 재료로, 사와 이유식을 만들어주었다.

우리 집 아파트 정문을 나오면 '한살림'이라는 매장이 있다. 대부분의 이유식 재료는 이곳에 가서 구매했다. 특히 이곳에서 파는 다진 브로콜리, 다진 양배추, 다진 새우살 등 이유식을 만들기 쉽게 재료가 다듬어져 있었다. 그러니 이유식 만들기가 너무 편리했다.

다양한 재료를 만들어주고자 이유식 관련 육아서를 읽었지만, 별 소용없었다. 두 아이 이유식을 먹이려면, 매일 이유식을 만들어줘야 하는데, 재료를 일일이 다듬어 요리해주기에는 큰 정성이 필요했다. 나는 다양한 재료보다는 편의성을 선택했다. 우리 아이들은 생후 15개월이 되었다. 이제라도 다양한 재료로 잘 만들어 줘야겠다는 생각이 들었다.

다시금 책을 펼쳐 보았다. 고기나 생선 등 단백질 식품을 꼭 먹어야 한다고 나와 있다. 순두부국, 파래 전, 버섯 무침, 시금치 두부 무침, 닭 시금칫국 등 여러 개의 이유식 방법이 나와 있다. 책을 읽으니 잘해줄 수 있을 것만 같았다. 순두부를 사와 다진 채소들을 넣고 순두부찌개를 끓여주었다. 정성은 며칠 가지 않았다. 결국, 어제도 주먹밥이었고, 오늘도 주먹밥이다.

나는 역시나 게으르고 나쁜 엄마인가 보다. 나름 좋은 재료로 잘 만들어준다고 생각했는데, 책에 나와 있는 이유식을 보자니, 내가 만든 이유식이 너무 형편없게 느껴졌다. 비교되어, 자책하게 되는 것이다. 다른 엄마들은 이렇게 나 잘 만들어주는데 내가 너무 부족해 보이고 한심해 보인다.

아이들이 점차 커가자, 집에 있는 장난감들을 금방 질려 한다. 장난감을 사주더라고 잠깐뿐이다. 조금 지나면 새로운 장난감을 찾는다. 우리 아이들은 새로 사준 장난감보다 오히려 재활용 쓰레기를 좋아했다. 요플레를 먹고 닦아주면 그걸 가지고 놀고, 기저귀가 담겨온 박스 안에 들어가 놀기도 했다. 집에 있는 사물을 가지고 다양하게 가지고 놀았다.

그런데 상상력의 한계가 왔다. 매일 자라나는 아이들에게 새로운 경험을 해주고 싶다는 생각이 들었다. 책장에 꽂혀 있던 놀이책을 펼쳤다. 첫 페이지부터 휘양 찬란하다. 퍼즐 만들기, 축구 골대 만들기, 금도끼, 은도끼 만들기, 달력 만들기, 페인트 놀이, 물감을 이용한 청소 놀이 등 너무나 다양한 내용이 펼쳐져 있었다. 이걸 다 직접 만들어 아이들과 놀아주다니… 대단하다는 생각과 함께 '저걸 또 언제 만들고 있냐. 그리고 또 언제 다 치워야 하나?' 라는 생각이 들었다. 결국, 책을 펼쳐보기만 하고 실행해준 건 거의 없었다.

다른 엄마들은 장난감도 잘 만들어주고 잘 놀아준다고 한다. 하지만 나는 장난감을 만들어주거나 음식을 맛있게 만들어주는 것에는 전혀 소질이 없는 것 같다. 괜히 다른 엄마들이랑 비교만 되고, 책을 보고 나니 내 아이들에게 더 잘해주지 못한다는 생각에 괜히 미움만 생했다.

많은 엄마가 책을 보고 아이들을 진단하고 해결책을 바란다. 하지만, 대부분은 책처럼 잘되지 않는다. 수많은 육아서를 보면 '이렇게 하세요, 저렇게 하세요.' 하고 알려주기 급급하다. 각기 다른 기질과 성격의 아이들에게 보편적인 방법의 해결책이 들어맞을 리가 만무하다. 무작정 책을 읽고 따라 하기보다는 내 아이의 기질과 행동을 먼저 파악하는 것이 더 중요하다. 그리고 아이의 마음을 조금 더 이해해주려는 마음가짐을 가져야겠다.

07

365일
24시간 육아 서비스?

"짜잔~ 24시간이라는 선물이 배달되었습니다. '아이'라는 귀중한 선물과 함께 배달되었습니다. 정말 운이 좋군요!! 게다가 1+1 이벤트에 당첨됐습니다." 나에게 매일 24시간과 두 아이를 하늘에서 선물로 내려주셨다.

최근에 코로나로 인해 24시간 혼자 육아를 하는 사람들이 늘어났다. 사회적 거리 두기로 인해, 어린이집과 유치원에도 못 보내고 꼼짝없이 육아를 해야 하는 사람이 많아진 것이다. 집에서 아이랑 하루 종일 있다 보니 육아 스트레스와 우울증을 호소하는 사람들도 더 늘어났다.

코로나로 인해 이번 추석에는 아이들이 어리니, 시댁에 안 와도 된다고 하였다. 5박 6일의 황금연휴…. 남편과 나의 24시간의 육아 서비스가 5박 6일이나 주어졌다. 평일엔 돌봄 선생님이 오신다. 명절이자 황금연휴에 남편과 육아를 해야 하는 상황이 되었다.

새벽 5시 반…. 조금 더 잤으면 좋으련만, 엄마를 닮지 않아 부지런하다. 작은아이가 먼저 깼다. 곧이어 큰아이도 일어났다. 잠이 들 때면, 다음 날 아침에는 기분 좋은 마음으로 하루를 시작해야지 하고 다짐하곤 했지만, 아침이 되니 그런 다짐을 언제 한 건지 싶다. 찌뿌둥하고 졸린 눈을 비비며 일어나려니 벌써 피곤하다. 우유를 타주면서 기저귀를 갈아주었다. 새벽에 못 갈은 기저귀가 축축하게 젖어 있었다.

작은아이가 얼굴을 찡그린다. 한참을 가만히 있더니 퀴퀴한 냄새가 올라온다. 방금 간 기저귀를 들춰 보니 응가를 싼 것이다. 기저귀를 갈기 전에 응가를 쌌으면 좋으련만, 꼭 기저귀를 갈고 나면 응가를 한다. 기저귀를 갈아 주고 장난감을 주며 놀라고 했다. 이런, 또 어디서 퀴퀴한 냄새가 올라온다. 이번엔 큰아이가 싼 것이다. 아침마다 돌아가면서 응가를 2번씩은 하는 것 같다. 세 번째 응가 냄새가 올라왔을 때는 남편에게 기저귀를 갈아달라고 했다. 돌아가며 싸대는 통에 기저귀만 벌써 4번째다. 한참이나 아이들과 놀다가 시계를 봤다. 오전 10시 정도는 된 것 같다고 생각했는데 웬걸, 오전 7시다.

아이들에게 책도 읽어주고, 위험한 건 안 된다고 소리도 지르고 나니, 9시 정도가 됐다. 집에만 있으려니 벌써 답답하다. 마스크를 쓰고 아이들을 유모차에 태워 동네 한 바퀴 돌기로 했다. 집 근처에 있는 스타벅스에 들러 커피를 사왔다. 남편은 유모차를 밀면서 커피를 마시려니 울퉁불퉁한 골목길에 바퀴가 덜커덩하고 흔들려, 커피를 다 쏟고 말았다. 이런… 커피 한잔의 여유도 누리기 쉽지 않다니….

집에 도착해서 시계를 보니 아이들 밥 먹일 시간이다. 미리 만들어놓은 이유식을 꺼내 남편과 나는 한 아이씩 이유식을 먹이기 시작했다. 이유식을 먹을 때 입안에 있는 이유식을 다 뱉어서 손으로 휘휘 만지며 논다. 곧이어, 이유식을 만진 손으로 얼굴을 문댄다. 이유식이 머리부터 발끝까지 안 묻은 곳이 없다. 식탁이며 바닥이며 온통 밥풀투성이다.

아이들을 한 명씩 안고, 손을 씻기고, 세수를 시킨다. 아이를 안고 세수를 시키니, 허리에 통증이 느껴진다. 아이는 손을 씻을 때 나오는 물이 신기한지 물 가지고 장난치며 좋아한다. 주방을 보니 난리가 났다. 다 튀어 버린 물이며, 바닥에 흘린 이유식이 튀어 있었다. 먼저 아이를 내려놓고 물티슈로 닦는다. 그리고 아이들에게 옷을 갈아입어야 하니 이리 오라며 소리친다. 아이들은 옷을 벗은 채 요리조리 도망 다니기 바쁘다. 그럼 나는 옷 입으라며 잡으러 나니기에 바쁘다. 옷도 겨우 잘아 입혔다.

이번엔 잠이 오는지 눈을 비빈다. 낮잠 자야 할 시간이다. 아이들을 안고 한 명씩 안방 침대 매트에 올려놓았다. 돌잔치가 끝난 이후에는 안아 재우지 않는다. 자장가를 틀어놓고, 누워서 잠을 자길 기다린다. 자장가가 흘러나온다. 피곤한 나는 자장가를 들으니 잠이 온다. 정작 아이들은 잘 생각이 없다는 듯 바닥을 활개 치고 다닌다.

엄마 배 위에 올라타고, 내 입속에 손가락을 집어넣는가 하면, 머리카락도 잡아 뜯는다. 빨리 자라며 소리친다. 놀고 싶은지 자꾸 나가자고 방문 쪽으로 손가락을 가르친다. "안 돼~ 1시간 자고 일어나서 또 놀자!"라고 말하며 다시 자리에 눕혔다. 발버둥 치며 서럽게 운다. 작은아이는 졸린 것 같으나, 큰아이의 울음소리에 잠도 못 자고 뒤척이고 있다.

둘 다 자지 않자, 남편에게 차 타고 근처 드라이브를 다녀오자고 했다. 졸릴 때면 차 안에서 곧잘 자기 때문이었다. 아이들을 차에 태웠다. 칭얼거리는 듯하더니 이내 잠이 들었다. 40분 정도를 달리다 이내 잠이 들었다. 그리고 집 앞에 차를 주차하고, 아이들이 깰 때까지 차에서 잠시 쉬기로 했다.

10분 정도 지났을까…. 시동을 끄니 큰아이가 잠이 깼다. 조금 더 있으려고 했으나, 다시 칭얼거리는 바람에 작은아이까지 다 깨버렸다. 다시 아이들을 데리고 집으로 들어왔다. 집에서 아이들과 놀아줘야 하는데 뭘 하고 놀아줄

까 하다가 바구니 안에 집어넣어 주기도 하고, 베란다에 있는 미끄럼틀도 태워줬다. 간식도 챙겨주었다. 낮잠 자는 시간에 설거지도 하고 조금 치울 수 있는 여유가 생기는데 차에서 잠을 자는 바람에 집이 엉망이 되었다.

'아 스트레스…'

그리고 우리도 점심을 먹어야 한다. 내가 아이를 보고 남편이 요리했다. 식탁에 앉아서 편하게 먹고 싶은데 아이들이 당연히 가만두지 않는다. 엄마 아빠가 먹는 게 궁금한지 자꾸 안아달라고 한다. 결국 식탁 의자에 앉혔다. 우리는 아이들에게 과자를 쥐여주곤 밥을 먹었다. 과자를 얼마나 빨리 먹는지, 몇 분마다 과자를 달란다. 밥 먹느라, 과자 챙겨주느라, 바쁘다 바빠.

그렇게 점심을 먹고 나니 이번엔 아이들 이유식 먹을 차례가 되었다. 또다시 반복이다. 아이들 이유식을 주고 나니 이번에는 목욕을 시켜야 한다. 코끼리 온도계로 온도를 따뜻하게 맞추고 한 명씩 목욕을 시켰다. 아이들은 목욕을 무척이나 좋아한다. 목욕을 마치자마자 수건으로 머리를 말려 주고 옷을 입혀준다. 내 옷도 다 젖었지만, 아이들이 먼저다. 아이들 로션을 발라주고 옷을 입혀주고 난 다음 젖은 내 옷을 갈아입었다.

시계를 보니 오후 4시 정도가 되었다. 최소 3시간은 더 있어야 아이들이 감을 잘 터였다. 그렇게 지칠 때까지 3시간을 놀아주었다. 드디어 아이들이 잠잘 시간이 됐다. 애들을 재우러 방에 들어갔다. 자장가를 틀어주고 다시 누웠다. 한참을 돌아다니다가 마침내 잠이 들었다. 휴, 오늘 하루가 이렇게 끝난 건가…. 내가 애들을 재우는 동안 남편은 설거지를 했다. 그리고 나와 있는 장난감들을 정리했나. 오늘 하루 고생 많았다.

다음 날도 오늘과 같은 하루가 되풀이되었다. 그러다 큰아이와 작은아이가 침대 위에 올라갔다. 엄마 침대 위에 올라가니 기분이 좋은지 돌고래 소리를 지르며 연신 뛰어다닌다. 나는 침대에서 떨어질까 봐 조마조마하다.

작은아이를 안고 거실에 내려놓고 있는 찰나, 뒤에서 큰아이가 침대에서 낙하하고 있다. 그것도 얼굴부터 먼저 떨어지더니 이내 바닥에 곤두박질쳤다. 급히 뛰어가 안았다. 아이는 울고불고 난리가 났다. 아휴, 얼굴 한쪽으로 떨어져 얼굴 반쪽이 빨갛게 물들었다.

"뒤로 내려와야지! 거길 왜 뛰어내려!!"

속상하니 잔소리가 절로 나왔다. 아무래도 한쪽 얼굴에 멍이 들 것만 같다. 혹시 이상이 있을까 걱정된다. 다행히 멍은 살짝 들었지만, 이상은 없었다. 이렇게 우리는 황금연휴인 추석 동안 둘이서 육아를 할 수밖에 없었다.

이렇게 매일 24시간을 버티는 건지, 견디는 건지, 즐기는 건지 이제 분간도 안 간다. 회사는 퇴근이라도 하는데 육아는 퇴근도 없다. 24시간 낮과 밤 상관없이 아이들을 돌봐줘야 한다.

게다가 요즘엔 코로나 전염병으로 인해, 외출하기도 겁이 나 꼼짝없이 집에서 육아해야 하는 엄마들도 많아졌다. '코로나블루'라는 새로운 신조어도 생겨났다. 코로나로 인한 우울증 현상이다. 일본에서는 우울증으로 인해 극단적인 선택을 하는 사람들이 더욱 늘어났다고 한다. 육아만으로도 매우 힘들고 지칠 만한데 코로나까지 생겨, 외출하기도 힘드니 울고 싶은데 뺨까지 맞은 격이다.

08

육아 사이다가 필요한
엄마들에게

엄마들은 온종일 아이들 보살펴야 하고, 집안일까지 해야 한다. 온몸이 안쑤시는 곳이 없다. 목과 어깨에서는 관절 쑤시는 소리가 들린다. 밥 한번 제대로 챙겨 먹지도 못한다. 누구보다도 열심히 하루를 보냈는데, 이렇게 허탈할 수가 없다. 누구도 나의 힘듦을 알아주는 것 같지도 않고, 집에서만 있으니 꼬질꼬질한 내 몸에 불만만 쌓여가고 나는 아무것도 아닌 것만 같다.

나를 여자로도 아닌 내 이름 석 자의 사람으로만 봐줘도 감사하겠다. 하지만 나는 이제 누구의 엄마일 뿐이다. 그동안 쌓인 많은 스트레스는 사람들을 점차 지치게 만든다. 인터넷에는 육아 스트레스로 우울증에 시달린다는 호소문이 여기저기 널리 퍼져 있다.

어떻게 해야 할지 몰라 육아서에 의존할 때도 있다. 하지만 도움이 될 때도 있고 안 될 때도 있다. 중요한 건 너무 육아서에 의지할 필요는 없다는 것이다. 읽고, 실행해도, 책대로 되지 않기 때문이다. 그러면 오히려 역효과가 난다. 자괴감과 걱정만 쌓일 뿐이다. 책을 읽고 취할 부분만 취하면 된다.

우리 아이들은 한배에서 나왔어도, 외모와 성격, 기질이 다 다르다. 비슷한 구석이 전혀 없다. 내가 생각해도 '어떻게 이렇게 다를 수 있을까…' 하고 생각한다. 쌍둥이인데도 이렇게 다른데, 하물며 다른 배에서 태어난 다른 아이들은 어떻겠는가. 얼굴, 생김새, 모양 다 다르듯이 당연히 기질이 다 다를 수밖에 없다. 그런데 그것을 획일화된 방식으로 맞추려 하니 나랑 맞지도 않고, 육아 방식도 맞출 수 없다.

육아에 절대적인 법칙은 없다. 육아에 있어서 융통성이 더욱 중요시되는 것 같다. 다른 사람들의 육아 방식에 나는 못 맞춰가는 것 같아 자신감만 떨어지고 걱정만 쌓인다. 가뜩이나 육아에 지쳐 스트레스를 받는 나에게 위로는커녕 '그렇게 키우시면 안 돼요.'라는 문구들만 널려 있다. 그럴수록 육아는 더 어렵게만 느껴진다. 육아라는 의무에 의존해 끌려다니면, 오히려 사람을 무기력하게 만드는 것 같다.

내 아이들을 완벽해야 키워야 한다고 생각하고, 최선을 다해야 한다고 생각하기에 육아를 시작하기도 전에 두려움이 앞선다. 아이들을 잘못 키울까 봐 무섭기 때문이다. 그래서 수많은 커플이 연애를 하고 결혼을 해도, 애 낳는 것에는 고민할 수밖에 없는 이유이다.

내 생각에는 아이를 키우는 데는 과정과 실행이 중요한 것 같다. 아이와 같이 공감하고, 놀아준다. 아이가 완벽하지 못해도 발전해가는 모습을 보며 서로 배우고 깨우친다. 잘하지 못해도, 실패가 있기 때문에 우리는 배우고 익힐 수 있는 것이다.

우울했던 지난날은 던져버리고 앞으로 행복한 인생을 살기로 하자. 지금 글을 쓰는 중에 이적의 노래 〈걱정말아요 그대〉가 흘러나온다.

"그대는 너무 힘든 일이 많았죠 / 새로움을 잃어버렸죠 / 그대 슬픈 얘기들 모두 그대여 / 그대 탓으로 훌훌 털어버리고 / 지나간 것은 지나간 대로 그런 의미가 있죠 / 우리 다 함께 노래합시다 / 후회 없이 꿈을 꿨다 말해요."

육아하면서, 예전으로 다시 돌아가고 싶을 때도 있었다. 힘들 때도 많았고,

새로움에 대한 호기심도 잃어버렸다. 하지만 현재 주어진 삶에 만족하면서 아이들과 함께 주어진 내 삶을 아름답게 살아가기로 했다.

육아를 처음 해보는 엄마들은 두려움을 느낀다. 그것은 당연하다. 사람들은 가보지 못한 미지의 것에 대해 두려움을 느끼기 때문이다. 그러므로 걱정되고 '아이들이 잘못되면 어떡하지?' 하는 실패에 대한 걱정이 앞선다.

어느새 핸드폰에 저장공간이 모자란다고 뜬다. 아이들의 동영상과 사진으로 가득 차 있기 때문이다. 내 사진은 삭제해 나가지만, 아이들 사진은 지우기 힘든 것이 엄마 마음이다. 잠깐 쉬는 시간이면, 사진 갤러리에 있는 아이들 사진 보기 바쁘다. 카톡 프로필과 배경 사진을 어떤 사진으로 할지 고민하는 나를 발견한다.

아이들은 태어났을 때부터 자기가 소중한 존재임을 자각하며 태어난다고 한다. 남이 심어준 가르침을 주입하기보다 사랑하는 아이들의 얼굴을 보며 각자의 성격에 따라 놀아주고 맞춰주는 것이 더 좋겠다. 한 번이라도 더 "사랑한다."라고 말하는 게 더욱 유익할 것 같다.

육아 스트레스와는 당당하게 싸우기로 하자. 그동안의 받은 스트레스를 어떻게든 해소하기로 마음먹었다. 스트레스를 쌓아 놓으면 병이 된다. 그런 말이 있지 않나? 만병의 원인은 스트레스라는 말. 생각해보니 맞는 말이다. 스트레스를 풀 방법을 찾아야 한다. 그래서 나는 어떻게 하면 나만의 방법으로 스트레스를 풀 수 있을까 생각했다. 그리고 해결책을 다음 장에 적어놓았다.

매일 고된 하루를 보내는 엄마들에게 내 방식대로만 스트레스를 풀어야 한다고 말하고 싶지 않다. 나는 스트레스를 이러한 방식으로 풀었으니 참고 하면 된다. 가벼운 마음으로 읽어가면 된다. 분명한 건 스트레스를 이겨내고 엄마들의 자존감을 회복해야 한다는 것이다. 다 같이 스트레스를 날려버리자!

"GET OUT, 육아 스트레스! 꺼져버려, 육아 스트레스!"

3 장

엄마의 자존감을
키워주는 8가지 습관

매일 조금씩이라도
책을 읽고 써라

집에서 육아만 하니, 자존심도 낮아지고 나 자신은 없어지는 것 같았다. 부정적인 생각들이 꼬리를 물고 떠올랐다. 이럴 때 내가 기분을 전환하고 자존감을 회복한 방식 중 하나는 좋은 책을 읽고 쓰는 것이었다. 독서의 가장 매력적인 점은 적은 돈으로 다른 사람의 경험과 지식을 살 수가 있다는 것이다. 그리고, 마음이 우울해져 위로가 필요할 때면, 책이 나를 위로해 주었고, 동기 부여가 필요하다 싶으면 동기를 유발시켜 주었다. 책은 나의 또 다른 친구였다.

3년 전 지금 사는 집으로 이사를 왔다. 이사를 와서 가장 마음이 드는 점은 도보 5분 거리에 도서관이 있다는 것이다. 시간이 날 때 자주 도서관으로 발걸음을 옮겼다. 도서관 매점에서 커피 하나를 뽑아 들고, 야외에 있는 산속 나무들을 바라보며 따뜻한 커피 한 모금을 넘길 때면 기분이 너무 좋았다. 행복은 다른 곳에 있는 게 아니었다. 책과 커피 한잔 마실 수 있는 시간이면 나를 행복하게 해주었다.

임신했을 때에도 도서관을 자주 찾곤 했다. 2층에 있는 도서관 안으로 들어가서 수많은 책을 볼 때면, 내가 부자가 된 느낌이었다. '이토록 많은 책을 다 볼 수가 있다니…'라며 감격스러워했다. 책장에 꽂힌 책을 쳐다봤다. '이 책도 읽고 싶고, 저 책도 읽고 싶고, 읽고 싶은 책들이 너무 많다.' 이 많은 책은 앞으로 찬찬히 읽어가기로 했다.

책을 펼치고, 처음 페이지부터 한 장, 두 장, 읽어 가다 보니 졸음이 쏟아진다. 그러면 책을 접고 대여해서 집에 와, 침대 위에서 책을 읽다 잠이 들었다. 하지만 육아가 시작되니 책 읽을 시간도 없었다. 나만의 시간은 상상조차 할 수 없었다. 아이를 낳은 지 3달이 지났고, 아이 돌봄서비스에 대기 신청을 할 수 있었다. 드디어 선생님이 배정되었고, 평일에는 아이 돌봄 선생님이 오시게 되었다.

조금의 여유가 생기니 다시 책을 읽고 싶다는 생각이 들었다. 그리고 도서관으로 발걸음을 옮겼다. 하지만 최근에 코로나 영향 때문인지 도서관 문을 열지 않았다. 그래서 집에서 방치되어 있던 책들을 다시 읽어보게 되었다. 『머니룰』, 『행복한 이기주의자』, 『부자들의 시크릿』, 『꿈꾸는 다락방』 등이 책상 위에 꽂혀 있었다. 모두 내가 좋아하는 책들이다.

책을 펼쳤다. 웨인 다이어가 쓴 『행복한 이기주의자』라는 책이다. 이 책은 태국, 베트남, 라오스, 캄보디아를 다녀온, 동남아 배낭여행에 함께 했었던 소중한 책이었다. 몇 장 넘기지 않아 내 눈길을 끄는 대목이 나왔다. "자신의 신체를 좋아하겠다고 결심하고 자신의 신체가 자신에게 소중하고 매력적이라고 스스로에게 선언하라."라는 구절이다.

나는 어떠했는지 생각해 봤다. 불룩 튀어나온 뱃살이며, 땡땡 불었던 가슴이 바람 빠진 풍선마냥 납작해져버린 것을 보며 부끄러워하지 않았는가? 배 위로 쭉 그어져 있는 세로줄의 임신선을 보고선, 때를 밀어서라도 빨리 지워버리고 싶어 하지 않았는가?

아이를 낳고 난 후의 내 모습을 거울을 보며 매일 좌절했다. 많은 엄마들이 아이를 낳고 변해버린 몸에 대해 나와 같은 감정을 느꼈을 것이다. 다른 사람도 아니고 내 몸인데 말이나. 생각해 보니 다른 사람은 내 몸무게와 내 몸에 관심조차 없을 터였다. 다른 사람이 만들어놓은 잣대에 스스로 감옥의 덫에 갇혀 버린 것이다.

책을 읽고 나니 내 몸을 나만이라도 사랑해줘야겠다는 생각이 들었다. 지금부터 나는 누가 뭐라 하든 매력적인 여자라고 생각하기로 했다. 내 몸은 아름다우며, 존중받아야 마땅하기 때문이다.

며칠이 지난 후, 점심을 먹고 식탁에 앉아 있었다. '띵동' 인터폰을 바라보니 택배 아저씨가 와 있었다. 며칠 전 시켰던 책이 도착한 것이다. 김미경의 「이 한마디가 나를 살렸다」라는 책이었다. 김미경 씨는 대한민국 강사이자, 사람들의 꿈과 성장을 응원하는 국민 멘토이다. 유튜브 채널에서도 자주 봤는데, 이번에는 책으로 만나게 되었다. 그 책을 보던 중 이런 대목이 눈에 띄었다.

아이를 낳고는 생각지도 않았던 엄마의 삶을 강요했다고, 다른 선택을 하면 더 좋지 않을까 후회의 마음이 드는 건 당연하다고 말이다. 하지만 이미 내린 결정은 되돌릴 수도 없고, 과거로 돌아가는 것도 불가능하다고 했다. 책에서는 이미 선택한 결정은 뒤집을 수 없으니, 과거로 돌아갈 수 없다면 지금부터 수정하는 삶을 살라고 말한다. 과거에 얽매이지 말고, 자신이 원하는 삶의 방향으로 이끌라고 한다.

엄마가 되고 나니, 새로운 의무가 생겼다. 책임감이 생기니 오히려 많은 생각을 할 수 있는 계기가 되었다. 앞으로 남은 인생을 어떻게 살아가야 할지 말이다. 지나간 날을 후회하기보다는, 앞으로의 날을 후회 없는 삶으로 살아가고 싶다는 생각이 들었다.

현재에 대한 불평을 토로하기보다는 현재 있는 것들에 감사하면서 살아야겠다. 그러곤 하루에 하나씩 내가 원하는 것을 실행해야겠다. 작은 일부터 하나씩 내가 원하는 방향으로 이끌어야겠다. 이렇게 차근히 하다 보면 언젠가는 큰 성취를 맛볼 수 있지 않을까? 앞으로 나는 원하는 대로 인생을 수정해가면서 살아갈 것이다.

대부분의 엄마가 책 읽을 시간도 없는데 무슨 책을 읽냐고 반문할 수도 있다. 하지만 지치고 힘든 시간일수록 책을 읽어야 한다고 생각한다. 책을 읽고 위로받으며, 자기를 위한 성장을 펼쳐야 한다. 무너진 자존감을 회복시키기 위해서는 자기 발전을 해야 한다. 시간이 없다면, 읽고 싶은 부분만 읽어가도 충분하다.

처음부터 끝까지 순서대로 읽으려면 읽기도 힘들 뿐더러, 시간도 많이 소요되기 때문이다. 책을 읽고 나서 바로 덮어버리면, 그 순간 읽었던 내용을 잊어버린다. 그래서 나는 연습장을 준비해 책의 내용과 내 생각과 느낌을 정리했다. 그리고 좋은 내용들은 따라 적으며 한 번 더 읽어보았다. 그렇게 하니 다른 사람들의 정보와 지식이 나의 지식으로 변환되는 걸 느낄 수 있었다.

02

산책하며
주변을 돌아보라

산책하면 대부분의 사람은 기분이 좋아진다. 산책하는 도중 햇빛을 쐬면 건강한 뼈에 필수적인 영양소인 비타민D 생성에 도움이 되기 때문이다. 그리고 산책을 하면, 사람을 긍정적으로 만들어 준다. 산책하며 짧은 사색도 할 수 있고, 지나가는 배경을 바라보며 새롭게 기분전환도 할 수 있다. 세상에서 물, 공기, 햇빛은 공짜이며 무한하다. 너무 당연하게 생각해서, 무한한 아름다움인 자연의 고마움을 잊어버리면 안 될 것이다.

우리 아이들은 산책하는 걸 좋아한다. 집에만 있으니 답답하다고 나가자며 현관문을 가리킨다. 아직은 말 못 하는 아이들이지만 자기가 하고 싶은 걸 다 표현해낸다. "밖에 나가고 싶어? 그럼 양말 가지고 와봐." 하면 양말을 가지고 온다. 양말을 신기고 점퍼를 입히고 유모차에 태워 밖에 나왔다.

나에겐 아이들과 산책하는 이 시간이 제일 행복하다. 아이들은 유모차 안에서 보이는 세상을 자기만의 시각으로 바라보고, 나는 유모차를 끌면서 나만의 시각으로 세상을 바라본다. 아이들은 특히 지나가는 자동차를 보는 것을 좋아한다.

남자아이라 그런지 자동차에 관심이 많다. 바퀴가 빙글빙글 돌아가면 유심히 쳐다본다. 버스가 지나가면 버스를 손가락으로 가리키고, 새들이 날아다니면 새들을 보며 손가락으로 가리킨다. 나는 매일 보는 비둘기지만 아이들 눈엔 그저 신기한가 보다. 길거리에서 모이를 먹고 있는 비둘기를 한참이나 쳐다보고는 신나한다. 지나가는 강아지에게도 손을 흔들며 '안녕~' 인사를 한다. 그렇게 아이들은 자기들만의 세상을 바라보며 성장하고 있는 듯하다.

나는 고개를 돌려, 주위를 바라본다. 눈부신 햇살 아래, 푸르른 하늘이 보인다. 오늘은 미세먼지 맑음이다. 따가웠던 여름날이 지나고 살랑살랑 가을 바람이 내 뺨을 스쳐 지나간다. 서로 자기가 예쁘다고 뽐내는 듯 울긋불긋한

단풍이 각자의 개성을 뽐내고 있다. 바람이 훑고 지나가면, 잎사귀가 하나둘 떨어진다. 밖으로 나와서 바람을 쐬니 기분이 한결 좋아진다.

산책하던 길에 집 근처에 있는 작은 커피숍에 들어갔다. 커피숍에선 나의 당을 충전시켜줄 달고나가 진열되어 있었다. 얼마 만에 보는 달고나인지…. 초등학교 때, 학교 앞 놀이터에서 국자 안에 설탕을 올려놓고 달고나를 만들었던 시절이 떠올라 미소가 지어졌다.

"따뜻한 아메리카노 하나랑 달고나 하나 주세요."

달고나를 받아 봉지를 뜯었다. 그리고 입에 털어 넣었다. 피식, 나도 모르게 웃음이 나왔다. 예전에 먹었던 그 맛이 생각났다. 내 마음이 달고나처럼 살살 녹는 것 같다. 이런 작은 기쁨이 나를 행복하게 만든다.

다음 날, 아이들의 똥 기저귀가 한가득 들어 있는 쓰레기봉투를 버리기 위해 밖을 나왔다. 쓰레기를 버리고 시계를 바라보니, 아이 돌봄 선생님이 퇴근하시기까지 한 시간 정도 여유가 있다. 발걸음을 돌려 근처에 있는 구봉산 공원으로 향했다.

이곳은 살도 뺄 겸 산책하기 위해 자주 들렀던 곳이다. 공원 바깥쪽으로 트랙이 마련되어 있는데 운동 삼아 이곳 트랙을 5바퀴씩 돌았다. 공원에 도착했다. 생각해보니 매번 트랙만 돌고 왔었다. 트랙 옆으로 난 등산로는 한 번도 올라가 보지 않았었다. 해보기도 전에 힘들 것 같아 시도조차 하지 않았다.

오늘따라 갑자기 호기심이 발동했다. 등산로를 올라가보기로 했다. 한 발짝, 한 발짝 산길을 따라 걸어 올라갔다. 이내 가파른 오르막길이 나왔다. 위로는 돌로 만들어진 돌계단들이 겹겹이 쌓여 있었다. 올라온 지 5분밖에 안 됐는데, 숨소리가 빨라졌다.

'내가 이렇게 저질 체력이었다니… 10년 전, 광교산으로 등산할 때만 해도 거뜬하게 올라가곤 했었는데…'

뒤로 돌아 집으로 갈까 하다가 조금만 더 올라가기로 했다. 돌계단을 다 올라가니 조그만 언덕이 보였다. 적어도 저기까지는 올라가야겠다고 생각했다. 드디어 도착했다. 언덕 위에 서 있으니 시원한 바람이 불어온다.

'아 이렇게 올라와 보니까 너무 좋다…'

그리고 따뜻한 햇살이 나에게 비춰지고 있었다. 왠지 나의 앞날을 밝혀주는 것 같았다. 마음속에 소원이 떠올랐다 '우리 가족 모두 지금처럼 건강하게 행복하게 해주세요. 돈도 많이 벌게 해주세요.' 다시 등산로에서 내려왔다. 잠시였지만, 산책을 하고 오니 새로운 기분이 들었다. 뭐든 하면 잘할 수 있을 것 같았다. 왠지 모르게 자신감이 샘솟는다. 이게 바로 햇살의 기운인지, 우주의 기운인지… 한껏 에너지가 샘솟는 걸 느낀다.

일요일, 남편과 함께 아이들이 탄 유모차를 끌고 다 같이 산책을 나왔다. 집 앞을 지나가는데 단풍잎이 예쁘게 물들어 있었다. 매년 보던 단풍이었는데, 나뭇잎들 사이로 햇살이 비치며 알록달록 반짝이는 모습들이, 올해 유난히도 아름답게 느껴졌다. 옆에 있는 남편에게 말하였다.

"오빠, 살면서 단풍 보고 예쁘다고 생각한 적 없었거든? 근데 이상하게 올해에는 단풍들이 너무 예쁘고 아름답게 느껴진다. 왜 그럴까?"
"네가 나이 들어서 그래."

썰렁한 대답이 돌아왔다. 다를 때였으면 내가 무슨 나이가 들었냐며 반박했을 텐데, 그날따라 왠지 모르게 수긍이 됐다. 푸르른 여름날을 보내고, 화려하게 불타오르는 옷으로 갈아입은 단풍들을 보고 있자니, 인생 2막을 준비하기 위해 새로운 옷으로 갈아입는 것 같이 느껴졌다. 왠지 모르게 나의 모습을 보는 것 같았다. 찬란하게 빛나는 나의 인생 2막이 그려졌다.

나무들도 저렇게 변화를 꾀하는데, 나 역시 삶을 긍정적으로 변화시키고, 남은 인생을 한번 불태워 봐야겠다는 생각이 어렴풋이 올라왔다. 그렇게 남편과 아이들은 행복한 산책을 했다. 이렇게 자연을 접할 때면, 새로운 창의력이 샘솟는 것 같다. 긍정적인 시각의 아름다움 때문일까. 마음속에 있는 스트레스가 사르륵 없어졌다.

오산에 있는 물 향기식물원으로 산책할 겸 나들이를 나왔다. 아이들에게도 자연의 아름다움을 보여주고 싶어서이다. 차로 20분 정도의 거리로 가까웠다. 임신했을 때, 태교를 목적으로 갔었던 곳이기도 했다. 만삭일 때에는 배 속에 아이들을 품고 산책을 했었다. 같은 장소에 네 식구가 되어 오니, 감회가 새로웠다.

신선한 공기를 마시며, 산책에 나섰다. 여기저기서 새소리가 들려오고 알록달록 예쁜 꽃들이 보인다. 아이들도 신기한지 유모차에서 숲속 나무들을 빤히 쳐다본다. 숲 냄새를 맡으며 산책길을 걸으니 행복감이 밀려왔다. 힘들었던 나날들이 바람과 함께 주마등처럼 스쳐 지나갔다. 한 바퀴 돌고 쉼터에 도착했다. 김밥과 물로 배도 든든하게 채웠다.

얼마만의 여유인지…. 아이들도 자연과 함께하니 기분이 좋아 보인다. 신나서 발을 동동거린다. 남편은 배가 부르니 나른했는지 잠시 벤치에 누웠다. 피곤했을 남편을 생각해, 아이들을 데리고 주변에 둘러앉았다.

근처에 있는 꽃들을 가까이 가서 보여줬다. 만지고 싶은지 자꾸 손을 가져다 댄다. 꽃잎과 같이 아기자기한 손이 귀엽게 느껴졌다. 남편은 잠깐이지만 누웠다가 일어나니, 피로가 풀린 듯하다. 나무들 사이로 피톤치드가 나와서인지 피로가 쉽게 풀렸나 보다.

실제로 나무들은 사람들의 건강에 도움이 된다. 이산화탄소를 흡수하고 몸에 좋은 산소를 배출하기 때문이다. 또한, 산림욕을 하면 정신을 맑게 해주고, 나무들과 꽃을 보면 마음을 안정시켜주는 효과가 있다고 한다.

쉼터에서 일어나, 다른 자리로 이동을 했다. 조그마한 연못가에 수풀들과 꽃들이 어우러져 있었다. 하늘 위로는 새하얀 구름이 둥실둥실 떠다니고 있었다. 그 사이로 나비 한 마리가 팔랑팔랑 날갯짓을 하며 지나간다. 그런 모습을 보니 아이들도 흥미로운지 나비가 가는 곳으로 고개가 같이 돌아간다.

자연과 함께 있으면 창의력과 집중력을 높여준다고 한다. 아이들에게도 자연과 함께하는 시간이 도움이 된다고 들었다. 나 역시 초록색 나무 배경들과 함께하니 마음이 느긋해지는 게 느껴졌다.

때로 기분이 안 좋거나 다른 생각에 잠겨 있을 때, 산책하면 주위 배경은 사라지고 보이지 않게 된다. 아름다움도 모른 채 걸어가다 갑자기 주위가 보일 때가 있다. 그러면 길에 피어 있는 아기자기한 꽃들도 보이고, 가로수길에 있는 울창한 나무들도 바라보게 된다. 내가 자연을 바라보며 감탄할 수 있다는 것은 그만큼 마음이 여유로워졌다는 증거이다.

가끔 무기력하고 우울하고 불안하다면 집 앞을 나서 보자. 햇빛도 받고 상쾌한 공기를 마시면 기분이 한결 나아질 것이다. 이렇게 행복하다고 느끼고 자연을 바라보면, 자연 역시 우리에게 더욱 미소 지을 것이다. 바람은 더 향긋하게 느껴지고, 단풍잎의 잎사귀들은 더욱 풍성하게 느껴지고, 새들이 지저귀는 노랫소리는 더욱 달콤하게 들릴 것이다.

육아 스트레스, 나는 괜찮을 줄 알았습니다

03

하루 1시간
현재 있는 것에 감사하라

불평과 불만을 그만두기로 다짐했다. 게임이라 생각하며 마음속으로 감사하기를 해가기로 했다. 감사하는 마음은 부정적인 마음을 긍정적인 감정으로 변화시켜준다. 감사하기를 실천하면 불안과 걱정도 없어진다고 한다. 그 때문에 우울 증세를 낮춰준다. 같은 현상을 보더라도 어떻게 생각하느냐에 따라 기분이 달라지는 이유이다.

예를 들어 남편이 생일 선물로 마사지건을 사왔다. 내가 좋아하는 마사지 기계가 아니었기 때문에 '뭐하러 저런 걸 사 왔나?'하고 생각할 수도 있다. 아니면, 내가 평상시에 마사지하는 걸 좋아하기 때문에 남편이 나를 생각하는 마음으로 마사지기계를 사주었구나. 정말 고맙다고 생각할 수도 있다. 모든 일이 그렇다. 어떤 사건이 터지면 그에 대한 해석을 어떻게 하느냐가 행복한 인생을 사는 것에 대한 핵심인 것 같다. 그래서 나는 1시간 동안 현재 있는 것들에 감사하기 시작했다.

돌봄 선생님께서 오시면 아이들을 맡기고, 나는 청소를 한다. 수북이 쌓인 아이들의 옷을 세탁기에 먼저 돌린 다음, 청소기를 돌린다. 그리고 밥을 먹고 설거지를 한다. 이러면 대략 1시간 정도의 시간이 소요된다. 나는 이 시간을 이용해 의도적으로 현재 있는 것에 감사하기로 마음먹었다.

사소한 것이라도 놓치지 않고 청소하는 시간 동안에는 감사하기를 했다. 거실 바닥을 청소할 때면, 거실을 바라보며 집 안에 있는 물건들에 감사했다. 바닥 매트를 바라보며, 우리 아이들이 넘어지더라도 다치지 않게 도와주어 감사하다고 생각했다. 낡은 소파를 보아도 내가 잠시 쉬면서 TV 시청을 해 줄 수 있게 해줘서 감사하다고 생각했다. 아이들 하이체어를 바라보며, 아이들이 이곳에서 밥도 먹고, 간식도 먹고, 때론 잠도 잘 수 있어서 정말 감사하다고 마음속으로 말했다. 이처럼 사소한 것 하나 놓치지 않고 감사하다고 생각했다.

거실에 있는 물건뿐 아니라, 빨래를 돌릴 때면 내가 손으로 빨지 않아도 이렇게 많은 빨래를 한꺼번에 해결해주는 세탁기에 감사했다. 또한, 최근에 산 건조기에 너무 고맙다고 생각했다. 아침에 이불 빨래를 하곤, 저녁에 그 이불을 덮고 잘 수 있는 점은 정말 나에게 신세계였다. 너무 좋았다. 아이들 옷도 오전에 돌려놓고 건조기에 돌려놓으면 저녁이면 빨래가 다 되어 나와 있었다. 게다가 먼지까지 제거해주니 금상첨화였다. 이러니 절로 감사하는 마음이 들었다.

건조기가 없었을 땐 빨래를 털어서 건조대에 하나씩 털어 널어야만 했다. 시간도 걸릴뿐더러 장마철이나, 이불 빨래는 마르지 않아, 이틀씩은 말려야 했다. 그러면 또 빨랫감이 산더미처럼 쌓여갔다. 장마철에는 다 마른 수건에서 습한 냄새가 올라오기도 했다.

설거지하던 중이었다. 아이들의 공갈 젖꼭지가 보인다. 그동안 공갈 젖꼭지가 있어 아이들을 수월하게 잘 재울 수 있었다. 그것도 감사하다고 생각했다. 내가 밥을 먹을 때에도 음식들이 내 몸에 들어와 나의 에너지원이 되어 주니 고마운 마음이 들었다. 그 재료를 만드는 농부와 희생양이 되어준 동물과 식물에게도 고마운 마음이 들었다.

무엇보나도, 내 앞에서 질 늘고, 질 믹고 있는 예쁜 이이들 얼굴을 보니 고

마음이 밀려왔다. 뭐가 재밌는지 해맑게 웃고 있는 아이들의 얼굴을 보고 있자니 절로 웃음이 났다. 엄마에게 다가와 "엄마!" 하며 웃어주는 아이들의 얼굴을 보니 너무나 행복하고 감사했다.

요즘엔 말도 곧잘 듣는 아이들이었다. 기저귀를 갈 때 "기저귀 어딨어? 엄마한테 기저귀 좀 갖다 줘봐." 하고 말하면, 어떻게 알아듣는지 기저귀 함으로 조르르 달려가 기저귀를 하나 가져온다. 그럼 얼마나 대견한지 뿌듯하다. 이렇게 알아서 잘 커주는 아이들이라니 엄마에게 와줘서 고맙다고, 잘 커줘서 고맙다고 속으로 되뇌었다. 이처럼 감사해야 할 일을 생각하니, 생각이 꼬리를 물어 계속해서 감사해야 할 것이 떠올랐다.

내게 가장 필요한 감사는 남편에게 감사하는 것이었다. 남편과의 생활이 너무 익숙해져버린 나머지, 나에 대한 배려는 당연하다고 생각했다. 그래서 고마움에 대한 표시도 잘하지 않았다. 친구가 컵에 물만 받아줘도 고맙다고 표현을 하는데, 정작 가장 가까이 있는 사람, 사랑하는 사람에게는 더욱 그런 말을 하지 않게 된다. 남편에게는 다른 사람보다 기대감이 크기 때문이다.

남편은 나를 전적으로 사랑해줘야 하는 사람이어야 하고 (내 모습이 어떻든지), 자식에게도 좋은 아빠여야 한다. 기념일엔 이벤트도 해줄 줄 알아야 하고, 주말엔 술친구도 되어줘야 한다. 그뿐만이랴, 나를 항상 이해하고 감싸

줄 수 있는 다정한 남자여야 한다.

고맙다는 표현을 당연히 해야 했는데, 정작 사랑하는 남편에게는 그런 말을 하지 않게 되었다. 바쁜 육아로 남편을 좋아했던 이유도 점점 잊어갔다. 생각해보니, 내가 남편에게 애정표현을 한 것이 언제였는지 기억조차 나지 않는다. 앞으로 남편에게 고마움을 표현하기로 했다.

평일엔 열심히 일하고, 주말이면 요리도 해주고 설거지도 해주는 착하고 자상한 남편이었다. 게다가 귀엽고 얼굴도 잘생겼다. 주말에는 아이들과도 잘 놀아주었다. 이런 남편에게 그동안 잘해주지 못해 약간 미안한 생각이 들었다. 마음속으로 남편 얼굴을 생각하며 감사하다고 되뇌었다. 그리고 남편을 있는 그대로 인정해 주기로 했다.

어느 날이었다. 아이들이 내 카드지갑을 물고 뜯어서 너덜너덜해진 상태였다. 남편이 그 카드지갑을 보고 안쓰러웠는지, 13주년 결혼기념일 날 백화점에 가자고 했다. 눈에 띄는 명품매장에 들어갔다. 들어가자마자 직원이 응대를 해줬다.

"손님, 어떤 물건을 찾으세요?"
"카드지갑을 찾고 있는데요~."

"그럼, 여성분? 남성분? 아, 여성분 카드지갑이라면, 이런 디자인과 이런 라인이 있습니다."

친절하게 설명해주었다. 지갑은 예뻤으나, 가격과 어떤 디자인을 살지 고민이 되있다. 매징을 나왔다. 그리고 옆에 있는 다른 매장들을 둘러보았다. 다른 매장에 들어가니 직원이 별 반응 보이지 않았다. 관심 없다는 듯 쳐다보지 않는다. 나에게 다가와 설명해주는 것도 부담스러워하는 나였지만 첫 번째 매장에 들어갔을 때의 서비스가 너무 좋았다. 그때와는 상반되는 모습이었다.

그래서 첫 번째 매장에 있는 지갑을 사겠다고 결심했다. 남편 역시 지갑의 질과 서비스 면에서 처음 매장이 마음에 든다고 하였다. 다시 찾아가 지갑을 샀다. 아니 남편이 결혼기념일 선물로 지갑을 사주었다. 신경 써주는 남편에게 고마웠다. 그리고 기분 좋게 남편과 데이트를 하고 돌봄 선생님께 드릴 간식도 사서 집에 돌아왔다. 너무 감사하고 행복한 하루였다.

끌어당김의 법칙에 의하면, 좋은 느낌을 오래 유지하면 그에 따른 진동수와 일치하는 경험과 좋은 물건들을 끌어당겨 가져다준다고 한다. 일상생활을 하며 감사할 일을 찾아다니면 감사할 일이 많이 생기는 것이다.

감사에 관한 내용이 TV 프로그램 〈생로병사의 비밀〉에 방영된 적이 있다. 감사함을 느낄 때와 화내고 원망할 때, 우리 뇌는 활성화된 영역이 다르다고 한다. 화를 내면 교감신경이 자극돼 아드레날린과 같은 신경 전달 물질이 분비된다. 이것이 다시 부신을 자극해 스트레스 호르몬인 코티졸을 분비해 낸다. 그러면, 혈액이 근육 쪽으로 모여들어 혈당과 혈압이 올라가 심장 박동이 빨라진다.

반면 우리가 감사함을 느끼게 되면 사회적 관계 형성에 즐거움에 관련된 쾌락 중추가 자극되어 도파민이나 세로토닌과 같은 행복 호르몬이 나온다. 이 행복 호르몬이 나오면 우리 몸은 심장 박동과 혈압이 안정되며 심장이 이완되면서. 기분 좋은 행복감을 느끼게 된다고 한다.

감사하기를 반복하면, 뇌에 행복 호르몬이 나와 기분 좋은 상태를 만들어준다. 이렇듯 감사하기는 기분 좋은 마음의 상태로 만들어주는 일종의 훈련 같은 것이다. 이런 훈련을 통해 긍정적이고 매일 감사하는, 기쁨 충만한 삶을 살 수 있게 되는 것이다.

사소하더라도
감사일기를 써라

큰아이가 작은방 책장에서 노트 한 권을 가지고 나왔다. 예전에 내가 작성했던 일명 '시크릿 노트'였다. 그곳엔 감사일기와 할 일을 적어놓은 'TO DO LIST'가 쓰여 있었다. 왠지 창피한 마음이 들었다. 황급히 숨겼다. 잠깐이었지만 남편이 노트를 보았나 보다. "야 그건 엄마의 비밀 노트야~ 이상한 거 많이 적혀 있어 하하…" 하면서 장난 어린 말투로 아이들에게 말했다. 시크릿 노트라…. 자리를 피해 조용히 펼쳐 보았다.

'나는 너무 행복하고, 사랑하는 남편이 있어 감사합니다.'

'나는 너무 행복하고, 배 속에 아이들이 잘 자라주어 너무나 감사합니다.'

'나는 너무 행복하고, 포근하고 아늑한 집이 있어 감사합니다.'

노트 안에는 대략 이런 내용의 글들이 적혀 있었다. 날짜를 보니 임신 기간에 적었던 감사일기였다. 그동안 잊고 지냈던 감사일기에 대한 존재감을 알게 되었다. 다시 감사일기를 써보겠노라 다짐했다.

〈크리스찬 투데이〉의 기사 "오프라 윈프리의 감사일기 쓰세요"에 따르면, 오프라 윈프리는 어렸을 때 미혼모의 품에서 태어나, 할머니에게 매질을 당했다고 한다. 9살 때는 사촌오빠에게 성폭행을 당했고, 14살에 출산과 동시에 미혼모가 되었다. 그리고 출산한 아이는 2주 만에 죽었다. 그 이후로도 가출하여, 마약 복용을 하며 날마다 지옥같이 살았다고 한다. 오프라 윈프리는 이렇게 우울한 어린 시절을 보냈다. 하지만 지금 흑인 여성 1위인 막강한 브랜드 파워를 자랑하는 눈부신 존재로 우뚝 섰다.

그녀의 가장 큰 성공비결엔 책 읽기와 감사일기가 있었다고 한다. 그녀는 언제부턴가 감사한 5가지를 찾아 감사일기를 적었다고 한다. 그녀는 단 하루도 빼먹지 않고 적었다고 했다. 감사의 내용은 "잠자리에 일어날 수 있게 해주셔서 감사합니다."처럼 거창하지 않고 지극히 일상적인 것들이었다.

지난번 친구네 놀러갔을 때, 아이 보기가 너무 힘들어서 한동안 친구네 집에 찾아가 보지 못했다. 나 편하자고 매번 우리 집으로 놀러 오라고 하기도 미안했다. 그래서 오랜만에 만나 대화도 하고 남편 생일축하도 할 겸 친구네 집에 가기로 했다.

출발하고 나니 아이들 잘 시간이 겹쳤다. 친구네 집에 도착하자마자 아이들이 투정 부리고 짜증을 낼까 두려웠다. 초인종을 누르고, 친구네 거실에 들어섰다. 낯가림하면 어쩌나 걱정이 됐다. 다행히 낯가림은 하지 않았다. 우리 아이들은 동갑내기 친구와 인사를 했다. 저녁 식사를 하기 위해 식탁에 앉았다. 가끔 엄마를 찾아왔지만, 예전만큼은 아니었다.

그렇게 저녁을 먹고 아이들이 졸린지 하품을 연신 쏟아냈다. 그러니 약간의 투정을 부리기 시작했다. 예전 같으면 번갈아가며 안아 재워야 하는, 힘들게 뻔한 상황이었다. 하지만 아이디어가 떠올랐다. 유모차에 태워서 아이들과 함께 산책을 다녀오는 것이었다. 이따금 졸릴 때면 유모차 안에서 잠이 들었기 때문이다.

친구와 남편과 아이들을 데리고 유모차를 밀며 산책을 했다. 대화도 하고, 산책하다 보니 그 시간도 재미가 있었다. 그리고 잠시 후 아이들은 잠이 들었다. 그렇게 아이들을 재우고, 늦은 시간 부모들의 시간이 시작되었다. 이런저런 이야기를 하며, 오랜만에 재밌는 시간을 가졌다. 주말이 지나고, 집에 돌아왔다. 그리고 자기 전 노트를 펼쳤다. 펜을 들어 몇 자 적었다.

'우리 아이들이 친구와 잘 놀고 즐겁게 지낼 수 있어서 감사합니다.'
'지인들과 함께 재밌는 주말을 보낼 수 있어서 감사합니다.'
'친한 친구들과 남편의 생일을 축하할 수 있어서 감사합니다.'
'가족 모두 건강해서 감사합니다.'
'놀아주느라 고생한 친구에게도 감사합니다.'
'모든 일이 술술 풀리고, 오늘 행복함에 감사합니다.'
대단하진 않더라도, 소소한 일상의 기쁨에 대해 감사일기를 적었다.

크리스마스 날이 되었다. 핸드폰을 열어보니, 큰언니가 크리스마스 케이크를 선물로 보내왔다. 잠시 후 고맙다는 연락과 함께 영상통화를 했다. 우리 아이들을 보면서 언제 이렇게 컸냐고 놀라며 귀여워했다. 비록 영상이었지만 큰언니 얼굴을 보니 너무 반가웠다.

몇 해 전 큰언니가 식당을 차려서 도와준 적이 있었다. 식당을 하면서, 재밌게 이야기도 나누고, 싸우기도 하고, 고생도 많이 했다. 그래서 정도 많이 들었다. 하지만 식당이 잘되지 않아, 그만둘 수밖에 없었다. 그런 언니에게서 연락도 오고 선물로 커피와 함께 케이크까지 보내주니 너무 고마웠다.

잠시 후 오후가 되었다. 내가 시키지 않은 택배가 하나 와있었다. 택배를 뜯어보니, 아이들 장난감이 들어 있었다. 케이크 모양의 장난감이었다. 아이들이 너무 좋아할 것 같은 장난감이다. 요즘 부쩍 아이들이 생일축하 노래와 함께 케이크에 촛불을 꽂고 노래 부르는 것에 무척이나 관심을 보이던 중이었다.

'그런데, 누가 보냈지?'

그러자 옆에 계신 돌봄 선생님께서 "택배, 제가 보냈어요." 하는 것이었다.

"네? 안 그래도 제가 안 시켰는데, 누가 보낸 건지 생각하고 있었어요."
"아이들이 좋아할 것 같아서, 사봤어요."
"호호호. 뭘, 이런 걸 까지 다 챙기셨어요? 그나저나 우리 아이들 크리스마스 선물이네요. 선생님 너무 고마워요."

너무나 고맙고, 감사했다. 아이를 잘 봐주시는 것만으로도 너무 감사한 일이었다. 그런데 애들 선물까지 챙겨주시니 어떻게 고마움을 표현해야 할지 몰랐다. 선생님 간식이라도 좀 더 신경 써드려야겠다는 생각을 했다.

크리스마스가 지난 다음 날이다. "딩동." 소리와 함께 초인종이 울렸다. 인터폰을 보니, 옆집 아저씨와 아주머니가 와 계셨다. '어? 옆집 분들이 무슨 일이지?' 하며 현관문을 열었다. "오늘 이케아에 다녀왔는데, 아이들이 생각나서 사봤어요." 하며 작은 상자를 건네주셨다. 나는 갑작스러운 선물에 당황했지만, 이내 감사하다며 작은 상자를 받았다. 거실에 들어와 확인해봤다. 우리 아이들이 좋아하는 자동차 3종이 들어 있었다. 아이들도 마음에 드는지 선물 받은 자동차를 받아 들고선, 코를 찡긋거리며 웃는다.

아이들과 산책을 나설 때면 옆집 아저씨와 아주머니를 자주 보았다. 그때도 우리 아이들이 너무 예쁘다며 귀여워해주셨다. 경황이 없어 고맙다는 표현도 제대로 못 했다. 이렇게 우리 아이들을 생각해주시고, 선물까지 사와 주시니 정말 고마울 따름이었다. 다음엔 내가 먼저 다가가 감사하다고 표현을 해야겠다. 자기 전 노트를 펼쳤다. '오늘 하루도… 감사합니다.' 하며 감사일기를 술술 적어 내려갔다.

감사일기를 적다 보면 의도적으로 감사한 일에 대해 생각하게 된다. 사소한 것이라도 감사하게 되면 내가 무엇을 소중하게 대하는지 깨닫게 된다. 그리고 어떤 사건이 발생하더라도 생각의 초점을 어디에 두느냐에 따라 내 기분이 달라진다. 감사일기를 적다 보면, 감사할 일에 대해 생각하게 되고 부정적인 생각을 덜 하게 된다. 그러면서 긍정 회로가 활성화되고, 인생 전반에서 삶의 질이 높아지도록 돕는다.

05

문제점을 바라보지 말고
해결책을 바라보라

우리는 살아가면서 아직 발생하지도 않은 모든 문제를 끌어안고 사는지도 모르겠다. 시선을 문제점에 고정해놓고, "이게 문제야, 저게 문제야." 하는 것이다. 육아하면서도 아이들이 조금만 내 기준에 미치지 못하면 문제로 제기된다. 하지만 그런 문제점을 보면서 지적을 하고, 걱정하기보다는 아이들의 마음을 이해하고, 해결해주기 위한 노력을 하는 것이 현명한 방법이다.

아이들이 15개월이 되니 이제 뛰어다닌다. 최근에는 큰아이가 작은아이를 괴롭히는 게 자꾸 목격되었다. 같이 놀다가 졸려해서 공갈 젖꼭지를 물리면,

큰아이가 작은아이에게 다가가 공갈 젖꼭지를 빼버린다. 그러면 예민한 작은 아이는 서럽다고 울고불고 난리가 난다.

잠을 잘 때 작은아이가 울어서 CCTV를 보면 작은아이가 안고 있는 애착 인형을 큰아이가 사정없이 뺏어버린다. 그러면 안고 자던 인형이 갑자기 품 안에서 떨어지니 또 자지러지게 울기 시작하는 것이다. 보아하니 큰아이는 이른 아침이 되어 잠에서 깼고, 작은아이는 더 자고 싶은데 억지로 일어나게 된 셈이다. 아마도 본인은 잠이 깼는데 울음이 나지는 않고, 엄마는 깨워야겠고, 그래서 작은아이를 괴롭히는 것 같다.

그것뿐만이 아니다. 둘이 사이좋게 놀면 좋으련만, 서로 장난감을 뺏고 뺏기는 쟁탈전의 연속이다. 대부분 작은아이가 힘이 센 큰아이에게 뺏긴다. 그럴 뿐만 아니라, 큰아이는 작은아이에게 물건을 뺏기면 끝까지 가서 찾아온다. 그리고, 작은아이가 마음에 들지 않는 행동을 할 때면 머리를 때린다거나, 멱살을 잡는다거나 공격적인 행동을 보일 때도 있다.

그러한 장면을 보면 엄마로서는 마음이 참 안 좋다. 둘이 친하게 지내도 모자랄 판에 서로 물고 뜯기는 경쟁 속에서 살아남아야 한다니… 안쓰럽기도 하고, 매번 징징대는 울음소리를 듣고 있자면 한 번씩 울컥하고 화가 날 때도 있다.

아이들이 낮잠을 자는 시간이었다. 점심을 먹으며 돌봄 선생님께 고민을 털어놨다. "아니, 새벽에 보면 큰아이가 자꾸 작은아이 인형을 빼앗고, 공갈 젖꼭지도 뺏어요."라고 운을 뗐다.

"그렇죠, 요즘 낮에도 그리더라고요…."

돌봄 선생님이 대답했다.

"그래서 작은아이는 더 자고 싶은데 일찍 일어나서 졸려 하고, 피곤해해요. 그리고 놀 때 보면, 자꾸 큰아이가 작은아이 물건을 뺏어서 걱정이에요."

그랬더니, 생각지도 못한 답변이 나에게 돌아왔다.

"어머님, 큰아이가 그동안 발달이 늦었잖아요. 항상 작은아이보다 뒤처지고…. 혹시 그래서 그걸 마음에 뒀다가 이제 표현하는 게 아닐까요?"

돌봄 선생님은 세 자녀를 훌륭하게 키워 내셨다. 그리고 아이들의 성향 파악을 잘하였다. 그동안 선생님 경력도 있으셔서, 무척이나 의지가 되는 분이었다.

갑자기 가슴이 훅하고 내려앉았다. 큰아이는 조리원에 나오자마자 열이 나고 아픈 이후에, 원래 더 나갔던 몸무게를 작은아이에게 역전당했다. 그런 후, 발달사항도 항상 작은아이보다 큰아이가 늦었다. 앞니 2개가 먼저 나기 시작한 것도 작은아이였다. 뒤집기를 먼저 시도한 것도 작은아이였다. 그리고 떼쓰고 안아달라고 표현한 것도 작은아이가 먼저였다. 그러면 당연히 떼쓰는 아이에게 한 번 더 안아주게 되었다. 기기 시작한 것도 작은아이가 먼저였다.

뭐든 작은아이가 빨랐다. 그래서 표현도 안 하고, 잘 누워 있는 큰아이는 워낙에 순하디 순한 아이라고 생각했다. 작은아이가 기기 시작하면서 장난감과 인형을 달라고 하면, 아랑곳하지 않고 먼저 주었다. 큰아이가 가지고 놀던 장난감도 작은아이가 달라고 울면 뺏어서 주기도 했다. 왜냐면 큰아이는 순둥이라, 장난감을 양보해주어도 울음 한번 터트린 적 없었기 때문이다. 생각해 보니 몸을 자유롭게 움직이지 못할 때, 항상 큰아이가 양보해야만 하는 처지였다. 이제 걷고 자유롭게 다닐 수 있으니 자기만의 욕구 표현이 확실해졌을 수도 있다는 생각이 들었다.

"생각해 보니, 맞는 것 같아요. 우리 큰아이가 매번 얌전하다고, 작은아이만 안아주고, 함께 놀아줬잖아요. 그래서 그걸 기억하고 있을까요?"
"제 생각엔 그럴 수도 있을 것 같아요…."

대화하고 나니 안쓰러운 마음이 올라왔다. 작은아이를 매번 괴롭힌다고 "하지 마! 그러면 안 되는 거야."를 외치며 따라 다녔다. 매번 그런 말을 들으니 얼마나 속상할까… 원인을 알았으니, 어떻게 해결해야 할까에 대해 생각해 봤다.

'무조건 혼내기보다, 아이에게도 선택권을 줘야겠구나…'라는 생각이 들었다. "가지고 놀다 재미없으면 갖다 줘." 하고 말했다. 가지고 놀다가 흥미가 떨어지면 작은아이에게 가져다주곤 했다. 작은아이도 양보하는 큰아이가 고마웠는지 물병을 가지고 와 물병을 큰아이에게 먹으라고 갖다 주었다. 며칠 사이에 부쩍 사이가 좋아졌다.

우리 작은아이는 태어날 때부터 워낙에 예민한 기질의 아이였다. 밤중에도 울고, 배고파도 울고, 마음에 안 들어도 울고, 본인 마음에 들지 않으면 무조건 울고불고하는 아이였다. 그 기질은 커서도 계속됐다.

남편 친구네서 저녁을 먹고 있는데 졸음이 오는지 유모차에 올라타려고 한다. 집에 가자는 것이다. 그런데 안 가고 있으니 울음이 터졌다. 예전 같으면 '도대체 매번 울고불고 왜 난리를 치는 거야.'라고 생각을 했을 터였다. 하지만 이번엔 달랐다.

아이가 졸리니 유모차를 타고 집에 가자고 하는 것이 느껴졌다. 그동안 울고불고한 행동도 생각해 보니 각각 이유가 있었다. 배고프던가, 잘 놀고 있던 장난감을 빼앗겼던가, 집중해서 읽고 있던 책을 빼앗겼을 때가 많았다. 그리고 내 친구네 갔을 때도 너무 졸린데 평상시에 잤던 환경이 아니라 낯설었던 것이었다.

알고 보니 떼쓰는 것도 다 나름대로 이유가 있었다. 이럴 경우 아이의 욕구가 무엇인지 잘 관찰해야 한다. 알고 보면 원하는 것이 있다. 원하는 그것을 못 할 상황이면 안 되는 상황에 관해 설명해주어야 하고, 원하는 것을 해줄 수 있는 상황이면, 원하는 것을 해주면 된다.

다음은 에스더 힉스와 제리 힉스의 『머니룰』에 나오는 일화이다. 어떤 남자가 매일 밤, 어린 아들이 오줌을 싸는 바람에 심각한 고민에 빠져 있었다. 매일 아침 젖어 있는 이불과 옷을 보면, 정서적으로 문제가 있는 게 아닌가 걱정을 하게 되었다. 그렇게 하기엔 너무 컸다는 이유였다.

아빠는 매우 불만스럽게 말했고, 에스더 힉스와 제리 힉스는 그 남자가 문제를 더 키운다고 말했다. 아빠에게 무엇을 원하느냐고 물어봤고 아빠는 아들이 오줌을 싸지 않게 행복하게 일어났으면 좋겠다고 했다. 아빠는 바라는 것에 초점을 맞춰 말을 하니, 한결 편안한 마음이 들었다. 그리고 얼마 지나지 않아. 아들의 오줌 싸는 일은 끝났다고 했다.

책에서는 자신이 바라지 않는 것보다 자신이 원하고 있는 것에 초점을 맞추라고 한다. 끌어당김의 법칙에 따라 비슷한 생각이 비슷한 경험을 끌어당긴다. 바라는 것에 초점을 맞추면 대부분 문제가 해결될 수 있다고 한다.

육아의 세계에서도 아이들의 문제점에만 초점을 맞춰 다그치고, 짜증을 낼 텐가? 그러기 전에 내가 바라는 아이들의 원하는 모습에 초점을 맞추자. 그리고 원인을 파악하고 문제를 해결하는 것이 훨씬 현명한 방법이다. 아이들도 본인이 존중받기를 원한다. 인정받고 존중받고 있다고 생각하면 사실 모든 문제의 실마리는 풀어진다. 해결책은 아이들 본인이 이미 알고 있다.

06

좋아하는 일을 찾고
취미생활을 하라

육아 스트레스를 해소하는 방법의 하나는 취미 생활을 즐기는 것이다. 취미 생활을 하면, 정신과, 육체에도 긍정적인 영향을 미친다. 인터넷 포털사이트 '국가건강정보포털'에 의하면, 그림, 악기 연주 등의 취미 생활은 활동량이 부족했던 우뇌 부분을 자극해 건망증을 유발하는 베타파를 감소시킨다고 한다. 또한, 두뇌 활동에 좋은 알파파를 증가시켜 뇌 손상을 줄이는 효과를 준다고 한다. 취미 활동을 즐기면 나이가 들수록 인지력이 크게 향상되는 효과를 볼 수 있어 치매 예방에도 도움이 된다.

아이를 낳기 몇 해 전, 그림을 그리기 위해 근처에 있는 주민센터를 찾아갔다. 나는 어렸을 때부터 그림을 잘 그리는 게 소원이었다. 소질도 없었고, 집안 사정도 어려웠다. 미술학원에 보내달라는 말도 꺼내 보지 못했다. 나보다 그림을 잘 그리는 사람은 훨씬 더 많았다. 첫날 수업엔 연필로 사과 그리기를 했다. 그림을 그려보기 시작한 게 성인이 되고 처음이었다. 첫날인 만큼 열정적으로 수업을 듣고, 연필로 사과도 열심히 그렸다. 첫 수업에, 옆에 앉아 있는 M언니와도 금세 친해졌다. 서로의 그림에 대해 평가를 해줬다.

M언니의 그림은 완벽하진 않지만 풋풋한 사과 같았다. "언니, 제법 잘 그리네." 하고 말했다. 언니는 흡족해하는 표정을 지었다. 그리고선 내 그림에 대한 평가가 돌아왔다. 짜잔 하고 보여주니 그 언니가 까르르 웃으며 하는 말이 "야, 이건 사과가 아니라 호박 같다." 라는 것이다. 둘이 웃음이 터져 한참을 웃었다. 내가 보아도 사과보다는 호박에 가까웠기 때문이다. 그렇게 첫날 수업은 사과 대신 호박을 그린 것으로 유쾌하게 끝났다. 그리고 두 번째 수업부터는 본격적인 아크릴화 그리기 수업이 시작됐다.

수업시간에는 주부로 보이는 40대 여성들과 60대 70대로 보이는 할머니 할아버지 등 연령대가 아주 다양하게 있었다. 내가 가장 어린 것 같았다. 눈길을 끄는 할아버지가 계셨다. 가장 끝자리에 앉아서 조용히 그림을 그리던 할아버지셨다. 다가가서 그림을 구경했다. 그림을 너무 잘 그리셔서 깜짝 놀랐다. 하얀 눈이 산을 덮고 있는 설경의 그림이었다.

"할아버지, 혹시 화가세요?" 하고 물었다. "화가는 무슨… 그냥 그림 배우러 오는 학생이야." 하고 할아버지가 대답하였다. "그런데 어쩜 그렇게 그림을 잘 그리세요? 너무 잘 그리세요, 멋져요." 했더니 할아버지가 엄청 흐뭇해하셨다. 그러면서 나를 바라보며 이런 대답을 해주었다. "자네도 지금부터 그림 그리기 시작하면, 내 나이 되면 훨씬 더 잘 그릴 거야."라고 말이다.

할아버지는 그림을 그린 지 3년 정도 됐다고 했다. 처음엔 정말 그림 실력이 형편없었다고 한다. 꾸준히 한 장씩 그리다 보니까 결국엔 잘 그리게 되었다고 했다. 나는 '꾸준히 그림을 그리다 보면 나중에는 저렇게 멋진 그림을 그릴 수 있을까?' 하고 잠시 생각에 잠겼다.

아크릴화는 오일을 쓰는 유화와 달리 물과 물감을 섞어서 사용하면 된다. 캔버스에 밑그림을 그리고, 아크릴 물감으로 색칠을 했다. 나는 아름다운 풍경이 있는 그림을 그리기로 선택했다. 산을 그리고, 강을 그렸다. 그리고 파란 하늘에 구름을 그려 넣었다. 그림 그리기 시작한 지 몇 분 지나지 않아, 수업 시간이 끝났다. 나머지는 집에서 그리기로 했다.

첫날 수업부터 친해진 언니와 함께 기찻길을 향했다. 같이 길어가던 중, 그림을 완성하면 같이 공유하자고 했다. 그리고 집에 도착했다. 집에서 완성하지 못한 그림을 마저 그렸다. 그리고 색칠을 하는데 내가 생각한 대로 곧잘 되었다.

옛닐 EBS TV 프로그램 〈그림을 그려요〉에서 봤던 밥 로스 화가 아저씨가 생각났다. 그림을 척척 그려내곤 "참 쉽죠?"라는 말을 자주 했다. 어린 시절 그 프로그램을 보며 화가를 꿈꾸기도 했다. 캔버스에 그림을 그리고 있자니, 나도 화가가 된 느낌이었다. 그렇게 며칠 동안 시간이 날 때면 그림을 그렸다. 그림 그리고 색칠을 하는 게 너무 재밌었다. 시간 가는 줄 모르고 그림을 그리다가 결국 완성했다. 학창 시절 이후에 처음 그린 솜씨치고는 마음에 들었다.

그렇게 다음 주가 되었다. 완성된 그림을 가지고 수업에 참여했다. M언니가 먼저 완성된 그림을 꺼내 보였다. 내가 봤을 땐 잘 그리지도 못 그리지도 않은 그림이었다. 내 그림도 한번 꺼내 보라고 하였다. 가방에서 그림을 꺼내 보여줬다. 언니는 깜짝 놀랐다.

"어머, 이거 네가 그린 거야~? 너무 잘 그렸는데!"
"연필로 그릴 땐 몰랐는데, 색칠하니까 그림이 훨씬 나은 것 같아요."

아무래도 M언니는 호박과 같은 그림이 나올 줄 알았는데, 생각보다 멀쩡한 그림이 나와서 사뭇 놀란 것 같았다. 선생님께도 보여줬더니 잘 그렸다며 그림에 소질이 있다고 하셨다. 기쁘고 뿌듯했다. 캔버스에 나만의 그림이 완성되어 있다는 것이 엄청난 성취감을 주었다.

육아하다 보면 매일 똑같이 반복되는 생활에 끊임없이 바쁘게 움직이고, 아이를 돌봐야 한다. 이러면서 지치고 우울해진다. 매일 반복되는 단순 노동은 두뇌 활동이 원활하게 이뤄지지 않아 뇌에도 안 좋은 영향을 준다고 한다. 이럴 때, 같은 취미를 하는 동호회 같은 모임을 나가면, 사람들과 친하게 지내면서 새로운 동기 부여가 생길 수 있다.

내 대학 동기는 아이들을 낳고, 주말마다 자전거동호회에 나가 동료들과 자전거를 타는 시간을 갖는다고 한다. 결혼 전에도 종종 나갔는데, 아이를 낳고 나니 이런 취미 활동이 더 간절해졌다고 했다. 집에서 육아만 하면 자신이 너무 답답할 것 같아, 주말이라도 좋아하는 일을 하며 시간을 갖는 것이다. 자전거 모임을 하고부터는 기분도 좋아져 집에 오면 육아에 더욱 매진할 수 있게 되었다고 한다.

임신했을 때, 재봉틀로 신생아 옷 만들기를 했었다. 미싱을 하는 게 엄청 쉬워 보였는데, 막상 천을 대고 재봉을 하니 직진으로 안가고 꼬불꼬불 실이

박히는 것이었다. 다시 천을 재단하고, 재봉틀에 천을 박았다. 몇 번 해보니 잘 만들어졌다.

중간중간 선생님의 도움의 손길을 보태어 귀여운 배냇저고리가 완성되었다. 귀여운 아가들이 태어나 내가 만든 옷을 입는다고 생각하니 절로 미소가 지어졌다. 이렇게 완성된 배냇저고리를 가지고 만삭 사진 촬영할 때 소품으로 이용도 했다. 그리고 손싸개와 발싸개, 모자까지 완성했다. 이렇게 만들고 난 후의 완성작은 보니 왠지 모를 뿌듯함과 자신감이 생겨났다.

이번에는 도자기 수업을 들었을 때다. 직장을 그만두고, 집에서 쉬게 되었는데 아이도 없고, 할 일이 없으니 집에서 TV만 보게 되고 늦잠만 자고, 일상생활이 무료해졌다. 뭔가 나에게 활력을 주는 일이 필요했다. 친한 친구가 취미로 도자기를 만들기 시작했다는 소식을 접해 들었다. 그리고 나도 같이 도자기를 배우기 시작했다.

도자기에 대해서 잘 알지도 못했다. 흙 지점토로 모양을 만들어 높은 온도에 유약을 발라 구워내면 도자기가 완성되어 나왔다. 처음엔 잔을 만드는 것부터 시작했다. 나는 집에서 남편과 함께 쓸 소주잔을 만들기로 했다. 아기자기하게 점토를 빚고, 모양을 만들었다. 그리고, 며칠 뒤 도자기가 구워져 나왔다. 내가 만든 모양의 도자기가 만들어져 나오니 신기했다. 그렇게 나의 첫 작

품인 소주잔이 나왔다. 그 이후엔 접시를 만들기 시작했다. 다이아몬드의 육
각형 접시를 만들었다. 그리고, 둥근 모양의 그릇도 만들었다.

　하나씩 하나씩 도자기 작품을 만들고 나올 때마다 기쁘고 완성작이 나오
기 전에는 어떤 모양으로 잘 구워져 나올까 하는 기대와 함께 설레기도 했다.
그렇게 만들어진 나의 도자기 작품들은 아직도 주방 찬장에 나란히 진열되
어 있다. 시중에서는 살 수 없는 내가 직접 만든 소중한 도자기들이다. 도자
기를 빚으면서 집중해 있는 동안에는 잡념이 사라지는 것도 느낄 수 있었다.
몰입하는 과정에서 걱정거리조차 잊게 했다.

　매일 반복 되는 지루한 일상생활 속에서 취미 생활이 큰 활력이 되기도 한
다. 최근에 커피숍에서 내가 좋아하는 책을 읽고 글을 쓰는 시간은 나에게
큰 힘이 되는 시간이다. 이처럼 좋아하는 일을 하는 시간이 삶을 더욱더 풍요
롭게 만들어준다. 또한, 취미 활동을 하며 결과물을 만들어 가는 과정에서
자신감도 생긴다.

section_number

07

일기를 쓰며
자신의 마음을 엿보라

배우인 박보검은 다이어리에 오늘 뭐 했고, 무엇을 잘못했는지 적는다고 한다. "내가 잘못했던 것들도 크게 깨달으면 마음속에 각인되는데, 무의식중에 넘어가버리면 그냥 잊어버리더라. 했던 실수를 반복하는 게 더 안 좋은 것 같아서 적어 놓는다."라고 하루의 실수를 되돌아보고 반성한다고 한다. 가수이자 배우인 아이유는 "매일 일기를 쓴다. 일기장에 산문으로 풀어서 글을 써놓고, 핸드폰에도 글을 써둔다. 곡이 떠오르면 거기에 맞는 글을 갖고 와서 다듬는다."라며 "일기가 저한테 있어서는 가장 큰 음악적 원천"이라고 말한 적이 있다.

12월 16일

날씨 : 바람이 불어 춥다.

12월이 되니, 날씨가 제법 쌀쌀해졌다. 스치는 바람에 귀가 시리다. 추워서 아이들과의 오전 산책은 하지 않았다. 대신 베란다를 문을 열어주었다. 그곳에 놓여 있는 미끄럼틀을 태워주기 위해서다. 큰아이와 작은아이가 걷기 시작하더니, 이내 뛰어다니기 시작했다.

남자아이들이라 그런지 하루가 다르게 활동량이 많아졌다. 미끄럼틀을 서로 타겠다고 밀치며 계단을 성큼성큼 올라간다. 겁 없는 큰아이는 역시나 미끄럼틀 위에서 허공을 가르며 뛰어내린다. 다칠까 봐 얼른 달려가 받아줬다. 엄마가 매번 받아 주니 겁 없이 뛰어내리길 반복한다. 엄마는 심장이 조마조마한데, 자기들은 신이 나서는 깔깔 웃는다. 둘이 돌아가면서 미끄럼틀을 오르락내리락하느라 아주 바쁘다.

베란다 문을 닫고 나니, 이번엔 커튼을 가지고 까꿍 놀이를 한다. 커튼을 덮고 있다가 "어딨지? 안 보이는데~?" 하면 커튼을 열며 나에게 달려온다. 그리고 아주 해맑게 "히히히." 하고 웃는다. 조금 있다가 문을 두드리는 소리가 들린다. 돌봄 선생님께서 오셨다.

문을 열어주니, 아이들이 배꼽 인사를 하며 무척이나 반가워한다. 선생님이 옷을 갈아입으러 작은 방에 들어간 사이에 아이들은 따라가서 기다린다. 그리고 여기저기 펼쳐져 있는 사진을 가르치며 같이 보자고 조른다. 선생님은 옷을 갈아입고, 손을 씻은 후, 아이들과 놀아주기 시작했다.

그러는 동안 나는 거실에 널브러져 있는 장난감들을 치운다. 빨래를 돌려놓고, 청소기를 돌린다. 그러곤 설거지를 했다. 그런 후 배가 고파 냉장고 문을 열었다. 먹을 만한 재료가 눈에 들어오지 않았다. 아이들 이유식을 챙겨주고, 선생님들께 아이들을 부탁했다. 음식물 쓰레기봉투와 일반 쓰레기를 가지고 밖에 나왔다. 날씨가 제법 춥지만, 바깥바람을 맞으니 상쾌한 기분이 든다.

집 근처에 있는 음식점을 목적지로 발걸음을 옮겼다. 음식점에 도착해서, 동태탕 한 개를 시켰다. TV에는 코로나 확진자가 1,000명이 넘어 섰다는 뉴스가 흘러나왔다. 그 식당엔 나밖에 없었다. 식당 사장님께 미안하지만, 다행이라는 생각이 들었다. 전염병으로 인해 사람들 간에 만남도 조심해야 한다니… 참 씁쓸하다.

주문하고, 가방 안에 있던 웨인 다이어의 『확신의 힘』이란 책을 펼쳤다. 이런 대목이 눈에 띄었다.

"책의 3분의 1 정도밖에 쓰지 않았지만 나는 신성한 집필실에 들어갈 때마다 매일 완성된 책을 본다."

웨인 다이어는 생각하는 힘을 믿고, 책을 집필할 때면 완성된 모습을 상상했다고 한다. 나 역시 지금 글을 쓰고 있다. 잘 써지지 않을 때도 있다. 책을 읽으니 다시 글을 열심히 써봐야겠다는 열정이 샘솟았다. 그리고 식사가 준비되어 나왔다. 먹고 기운을 내야겠다.

아이들의 간식거리를 사가지곤 집에 들어왔다. 엄마를 보고는 씨익 웃으며 반겨준다. 잠시 후 아이들은 낮잠이 들었고, 나 역시 침대에 누워 잠깐의 휴식시간을 가졌다. 그리고 오후가 되어 아이들 밥을 챙겨줬다. 배불리 먹고 나니, 둘 다 몸 상태가 너무 좋다. 얼굴이 아주 싱글벙글이다.

노래를 불러주었다. 큰아이는 난생처음 보는 춤사위로 몸을 흔들며 춤을 춘다. 그 춤사위가 너무 웃기고 귀여워, 돌봄 선생님과 나는 웃음이 빵 터져버렸다. 그러곤 아이가 소파 위에 올라가더니 또 공중부양을 한다. 작은아이도 금세 따라 한다. 옆에 계신 돌봄 선생님은 갑자기 공중부양을 하는 아이들을 보곤 당황하는 눈치이다. 그동안 선생님은 그런 모습을 보지 못했다고 했다. 주말이면 엄마 아빠에게 날아와서 안기더니 몇 번 시도해 보니 자신감이 붙었는지 물불 안 가리고, 뛰어내린다.

아이들이 내 손을 잡고 안방에 데리고 들어갔다. 이제부터는 잡기 놀이를 하자는 것이었다. 엄마한테 혹시나 따라 잡힐까, 돌고래 소리를 지르며 바르게 뛰어다닌다. 한동안 술래잡기와 소파에서 뛰기를 반복하니, 어느덧 해가 뉘엿뉘엿 넘어가고 이른 저녁이 되었다. 돌봄 선생님이 집에 갈 시간이 되었다. 마중 나가 인사를 했다. 작은아이는 선생님과 헤어지기 싫은지 소리 지르며 울기 시작했다. 애써 진정시키고, 선생님은 집에 가셨다.

큰아이와 작은아이는 애착 인형을 찾으며 졸음이 오는지 연신 눈을 비빈다. 아이들을 안방에 눕히고는 자장가를 틀어줬다. 조명도 은은하게 비춰줬다. 작은아이가 먼저 잠이 들고, 큰아이는 잠이 안 오는지, 내 배에 올라탔다. 그리곤 뒹굴었다. 곧이어 엄마 뺨도 때리더니, 그렇게 한참을 놀다, 잠이 들었다. 잠이든 모습을 확인한 후 조용히 거실로 나왔다. 그리고 아이들이 잠이든 시간에 저녁을 먹고 이렇게 글을 쓴다.

사소한 일이라도 일기를 쓰니, 나의 일상이 기록이 되어간다. 이런 기록이 모이니 정보가 된다. 사람은 망각의 동물이라 기록해 두지 않으면, 자연스럽게 잊어버리게 된다. 그렇기에 일기를 쓰면 그때의 마음가짐을 알 수 있다.

일기를 통해, 육아하는 중이면 아이들의 발달사항이나 성향 같은 정보도 알 수 있다. 이런 정보를 활용해서 더 나은 방식으로 육아를 할 수도 있다. 기록을 해놓으면, 나의 정보가 차츰 쌓이기 시작한다. 이러한 정보들이 쌓여 지혜가 된다.

자존감이 낮아지는 이유 중 하나는 모르는 것이 많을 때라고 한다. 일기를 적고 자신과의 소통을 통해, 내가 어떤 사람인지 알아가다 보면 자존감 역시 높아질 수 있다.

08

마음챙김
명상을 하라

2012년 남편과 나는 회사를 다니는 것에 회의를 느껴, 둘 다 회사를 그만 뒀다. 그리고 동남아 배낭여행을 다녀왔다. 그 이후 담마코리아에서 진행하는 위빠사나 명상에 참여했다. 위빠사나는 '있는 그대로 본다'는 의미를 가진 말로, 인도에서 가장 오래된 명상법 중 하나이다. 이것은 2,500여 년 전, 보편적인 괴로움에 대한 보편적인 해결 방법이라고 한다. 위빠사나 명상은 마음의 참 평화를 얻게 하고, 행복하고 유익한 삶을 살도록 도와주는 명상법이다.

나는 남편과 10일 코스에 참여하기로 했다. 명상원에 도착했다. 도착해 주위를 둘러보니 외국인 부부도 있었다. 머나먼 타국에 어린 아기까지 데리고 왔다. 그 열정이 대단하게 느껴졌다. 직원처럼 보이는 사람이 분주히 움직인다. 10일간 명상 프로그램에 대해서 자세히 설명을 해주었다. 나중에 안 사실인데, 그분은 직원이 아니라, 봉사자였다. 그곳에서는 모두 봉사자로만 프로그램이 이루어진다고 했다. 하지만 불편함 없이, 자연스럽게 모든 것이 진행되었다.

비용은 무료이다. 마지막 날 보시의 형태로 능력이 되는 만큼 기부하면 된다. 우선 명단을 적고, 핸드폰과 개인 소지품을 맡겼다. 여기서 중요한 건 10일 동안 말을 하면 안 된다는 것이다. 즉 묵언 수행을 하는 것이었다. 그리고 수행 동안 남자와 여자는 명상홀 외에선 만날 수도 없었다. 결혼해서 처음으로 남편과 떨어지게 되었다. 그렇게 우리는 10일간의 명상 코스를 시작했다. 일정은 새벽 4시 기상이고, 식사시간과 휴식시간 외에는 모두 명상을 한다. 그리고 오후 9시에 취침을 한다.

첫째 날이 되었다. 기상 시간을 알리는 듯 복도에서 종소리가 울려 퍼진다. 아마도 새벽 4시가 됐나 보다. 핸드폰도 없으니 핸드폰을 꺼내 시계를 볼 수도 없었다. 첫날부터 새벽에 일찍 일어나는 게 쉽지 않았다. 깨달음을 얻기 위해 수행하러 온 것인데 일어나야만 했다. 열흘 동안 한 방 안에서 2명이 생활하게 된다. 명상 원에서 처음 본 나의 룸메이드는 종소리를 듣자 단번에 일어나 앉았다. 그러곤 바로 명상에 들어가는 듯했다. 열심히 하는 룸메이트를 보고 있자니 나도 명상을 안 할 수가 없었다.

비몽사몽 한 눈을 뜨고 그 자리에 앉았다. 호흡에 집중했다. 졸음이 온다. 그래도 들숨 날숨에 집중했다. 시간이 너무 더디게 긴다. 잠을 잔 것인지 명상을 한 건지도 모르겠지만 어느새 명상시간이 끝났다. 첫날이라 열심히 해야겠다는 의지가 타올랐다. 알고 보면 이러한 마음도 다 내려놓아야 하는 것이었다. 그렇게 명상이 끝났다는 종소리가 울렸다. 씻고 잠시 휴식시간을 가졌다. 아침 식사시간이 되었다. 식사는 채식으로 나왔다. 명상하기 위해선, 위의 80% 정도만 채워야 한다고 했다. 배부르게 먹으면 잡념이 떠오르기 때문이란다.

식사하고, 산책을 나섰다. 산책길을 따라 걸어 올라가다 보니, 물 흐르는 소리가 들린다. 산속에서 맑은 물들이 계곡을 따라 내려오고 있었다. 물소리와 함께 상쾌한 공기를 마시니 기분이 좋아졌다. 지나가는 다른 수행자와 눈이 마주쳤다. 말을 할 수 없으니, 눈빛만 교환했다. 그리고 오후 일정이 시작됐다. 명상홀에서 남편이 와 있는지 찾아보았다. 멀리서 남편 얼굴이 보인다. 얼굴을 보니 안도가 되었다.

명상홀에 들어가, 또 명상을 시작했다. 다리를 꼬고 앉아 있는데 시간이 길어지다 보니 다리가 저리고 아프다. 호흡에 집중하라는데 다리가 저려 집중할 수가 없다. 그래도 꾸역꾸역 참아냈다. 저녁이 됐다. 위빠사나 명상을 가르치신 고엔카 선생님의 목소리가 흘러나온다. 목소리가 온화하다. 호흡에 집중하며, 잡념이 떠오르면 '내가 이런 생각을 하고 있구나…'라며 알아차리고 생각을 놓아주라고 한다.

잡념이 떠올랐을 때 내가 생각에 관여하면, 생각에 대한 나의 감정이 원인이 된다고 했다. 이런 원인은 나의 현실을 창조하게 만든다고 했다. 평정심을 유지하면 본래의 완벽한 세상으로 나의 현실이 구현된다고 하였다. 6일째에 접어드니 몸을 스캔하는 명상이 시작되었다. 호흡명상보다 더한 집중력이 필요했다. 나는 7일째 되는 날이 고비였다. 말도 못 하고, 새벽에 일어나고, 다리도 쑤시고, 보고 싶은 남편도 며칠째 못 보니 고비가 왔다. 나중에 남편에게 들은 말인데 남편은 5일째 되는 날부터 집에 가고 싶었단다.

그렇게 10일이 지났다. 열흘이 지나고 집에 가기 전 마지막 아침 식사가 준비되었다. 그때부턴 말을 할 수 있었다. 사람들이 하나둘씩 말을 떼기 시작했다. 무뚝뚝해 보였던 사람들이 해맑게 서로의 대화를 들어주고 있었다. 나 역시 열흘 만에 입을 움직이려니 가슴이 떨렸다. 심지어 말을 하는데 떨리는 게 느껴졌다. 매일 숨 쉬고 말하는 게 당연한 줄 알았다. 이렇게 숨 쉬고, 말을 할 수 있다는 것이 소중한지 그때 처음 알았다.

거기에 있는 모든 사람이 명상하면서 느꼈던 점부터 시작해 사적인 이야기까지 했다. 예전부터 알고 지낸 것처럼 스스럼없이 말하기 시작했다. 식사시간 내내 하하 호호 이야기를 꽃피웠다. 헤어질 때쯤엔 연락처를 물어보고 사진도 찍었다. 남편은 명상원에 도착할 때까지만 해도 이상한 곳이 아니냐며 나를 의심했다. 하지만 10일간의 명상 코스가 끝나고 난 뒤, 누구보다 좋아했다. 기회가 된다면 또 가고 싶다고 했다.

바쁘게 지내다 보니 명상하는 것도 다 잊어버리고 있었다. 내 생활에도 여유가 생기니 다시 명상하고 싶어졌다. 아이들이 잠자고 난 저녁에 조용히 홀로 거실에 앉았다. 허리를 꼿꼿하게 세우고 눈을 감았다. 몸에 있는 긴장을 풀고 호흡에 집중했다. 숨을 들어 마시고, 내쉬고, 들어 마시고, 내쉬고를 반복한다. 그러니 오늘 하루 있었던 일, 아이들과 힘들었던 일들이 떠오른다. '내가 이런 생각을 하고 있구나…' 하며 그대로 흘려보낸다. 다시 호흡에 집중한다. 잠시 후, 또 다른 잡념이 떠오른다. 그대로 놓아준다. 그리고 들숨, 날숨의 호흡에 집중한다. 이러한 시간이 반복됐다. 20분 정도가 흘렀다. 마음이 홀가분하고 머릿속 잡념들이 덜어진 것이 느껴졌다.

'일체유심조'라는 말이 있다. 세상 일체의 모든 것이 마음먹기에 달려있다는 뜻이다. 마음가짐과 감정관리는 살면서 매우 중요한 요소이다. 일상에서 오는 스트레스와 잡념들을 내려놓을 때, 우리는 비로소 더 건강하고 아름다운 삶을 살 수 있게 된다. 생각을 비우고, 감정을 내려놓으면, 순수의식의 상태로 들어간다. 이런 순수의식은 자연 그대로의 완벽한 상태이다. 이러한 상태에서는 부정적인 감정과 같은 저항도 사라진다. 저항이 사라지고 본래의 모든 게 완벽한 조화로운 상태에 이르게 되는 것이다.

4장

육아 스트레스에서
완벽하게 벗어나는 법

01

엄마 자격에 묻힌
'지금의 행복'을 바라보기

흘러가는 강물은 다시 돌아오지 않는다. 지금 이 순간, 아이와 보내는 행복한 시간도 흘러가면 다시 돌아오지 않는다. 지금 아이들을 맘껏 사랑하지 않으면, 언제 사랑하겠는가?

돌이 지나고 나니 아이들이 하루가 다르게 성장해 간다. 토실토실했던 엉덩이와 소시지 같던 팔뚝 살들이 제법 많이 빠졌다. 토실토실한 모습이 너무 귀여운 아이들이었다. 지금도 예쁘지만, 젖살이 조금 빠지는 것 같아 아쉬웠다. 살도 빠지고, 키도 자란 것 같다.

큰아이는 유난히 우산을 좋아한다. 사진 속 앨범을 봐도 우산이 있는 사진들을 기가 막히게 골라낸다. 어떻게 아는지, 배경 멀리 내 눈에 안 보이는 우산까지 척척 찾아낸다. 아직 단어를 "엄마, 맘마, 이거." 밖에 못 한다. 하지만 신기하게 하는 말은 다 알아듣는다. 의사소통도 된다. 곤지곤지하면 우산을 가리키는 것이다. 그러면 "이슬비 내리는 이른 아침에‥" 하고 노래를 불러준다. 그럼 신나게 엉덩이를 씰룩거리며 춤을 춘다.

새해 선물로 남편이 아이들에게 우산을 선물해줬다. 그걸 보고는 너무 좋아하는 아이들이다. 우산을 활짝 펼쳐주니 또 우산 노래를 불러달라며 곤지곤지를 한다. 노래에 맞춰 춤을 한껏 추더니 우산을 가져간다. 그 모습이 너무나 귀엽고, 사랑스럽다. 잠시 후, 조그마한 손으로 우산을 들고 싶은 모양이다. 하지만 작은아이가 들기엔 우산이 무겁다. 중심을 지탱할 수 없어 이내 놓치고 만다. 마음대로 안 되니, 답답한지 실망스러운 얼굴이다. 그렇게 한참을 가지고 놀았다. 그러던 중, 나는 우산의 모서리가 아이의 얼굴을 찌를까 걱정이 되었다. 그래서 살며시 숨겨놓았다.

그리고 일주일이 지났다. 갑자기 우산이 생각났는지 우산 있는 쪽을 가르친다. 숨겨놓은 우산을 본 모양이다. 그래서 다시 꺼내주었다. 너무 좋은 나머지 "꺅!" 하며 발을 동동거린다. 우산을 가지고 노는데 큰아이가 펼쳐 있는 우산의 중심을 잡아가며 잘도 들고 있다. 그 모습을 보고 놀라웠다. 며칠 사이에 팔 힘이 생겨 우산을 들 줄 알게 된 것이다…. 별일 아니라 생각하겠지만, 나는 너무나 놀라웠다. 하루가 다르게 발전해나가는 아이들이었다.

작은아이는 큰아이보다 성장 속도가 빠르다. 말도 더 잘한다. 작은아이는 자동차를 좋아한다. 자동차 장난감을 가지고 밀며 "부~부~부." 하며 앞뒤로 밀며 놀기도 한다. 또 여러 종류의 차가 나와 있는 책인 '탈 것 핸드북'을 무척이나 좋아한다. 책을 가져와 엉덩이를 들이밀고, 내 무릎 위에 앉는다. 굴착기에 관련된 '움푹움푹 굴착기' 책을 가지고 왔다. 그리곤 굴착기가 바닥을 파는 장면을 보고 "푹~푹." 하며 손을 오므려서 바닥을 긁는다.

굴착기 모양을 보고 따라 하는 것이다. '어머, 이제 이런 것도 따라 할 줄 알아? 언제 이렇게 컸지?'라는 생각이 절로 든다. 그리고, 며칠 전에 눈이 내렸다. 아이들은 태어나서 처음 본 눈이었다. 그 눈을 보더니, 작은아이가 손을 하늘 위로 올린 후 엄지와 검지를 사부작사부작, 사부작사부작 비빈다. 하늘에서 눈이 내리는 것을 손으로 표현하는 것이었다. 그 모습을 보고 나는 우리 작은아이가 영재 같았다. '어떻게 눈을 보며 손으로 저런 표현을 할 수 있을까?' 하고 말이다.

그리고 잠시 후, '칙칙폭폭 기차' 책을 가지고 왔다. 이번엔 책을 보더니 "안 뵤…안뵤." 하는 것이었다. 책 내용엔 기차가 터널을 지나가는 장면과 함께 밖이 어두워서 보이지 않는다는 내용이었다. 이 책을 돌봄 선생님이 몇 번 읽어주셨는데, 그걸 기억하고 있는 듯하다. 기차 안에서 밖이 안 보인다고 "안 보여."라고 말을 하는 것이었다. 헉, 생각보다 더 빨리 우리 아이들은 성장해가고 있었다. 날마다 이렇게 발전해나가는 모습을 보니 새삼 놀라웠다.

나는 아이들 볼에 뽀뽀하는 걸 좋아한다. 꼭 안아주며 토실토실 말랑말랑한 그 볼에 뽀뽀할 때면 행복한 마음이 올라온다. 요즘 말도 잘 듣고, 잘 자라주는 아이들이 고맙고 정말 자랑스럽다. 며칠 전 아침에 일어나, 작은아이에게 뽀뽀를 해주었다. 그러곤 장난으로 "엄마한테도 뽀뽀 한번 해줘 봐." 하고 말을 꺼냈다. 말을 듣곤, 가까이 다가오더니 내 볼에 뽀뽀를 해주었다.

뽀뽀라는 단어를 가르쳐준 것도 아니었다. 어떻게 알고 다가와서 엄마 볼에 뽀뽀를 해주는지… 신기하고도 감격스러웠다. 그 모습을 본 남편도 "어? 이제 뽀뽀도 해주네."하고 말하였다. 내친김에 큰아이에게도 "봤지? 엄마한테 뽀뽀해줘 봐." 하고 볼을 내밀었다. 큰아이도 나에게 다가왔다. 그러곤 내 볼을 깨물었다. 남편과 나는 웃음이 터져 나왔다.

"아니, 깨물지 말고, 뽀뽀해달라고…"

큰아이는 아는지 모르는지 "히히히." 하며 해맑게 웃는다. 그 모습이 마냥 귀엽게 느껴졌다.

새해가 되었다. 아이들과 함께 어머님네로 놀러갔다. 낯설어할 줄 알았는데, 그렇지 않았다. 집에만 있었던 터라 새로운 곳에 오니 더 좋아했다. 처음 본 물건들도 많고, 할머니 할아버지가 놀아주니 재밌어하는 것 같았다. 최근 일주일마다 개인기가 하나씩 늘어갔다. 마침, 할머니 할아버지에게 선보일 기회가 주어졌다.

큰아이에게 "우리 할머니한테 개인기 좀 보여줄까?" 하며, "주먹, 가위, 보! 주먹, 가위, 보! 무얼 만들까? 무얼 만들까?" 하고 노래를 불러주었다. 이때다 싶었는지, 노래에 맞추어 그동안 갈고닦은 율동을 보여준다. 그 모습이 어찌나 깜찍하던지, 다 같이 함박웃음을 지었다. 둘째 아이에게는 "팔랑팔랑 팔랑팔랑 손을 무릎에 탁!" 하고 노래를 불러주었다. 이번에는 둘째가 노래에 맞춰, 손을 머리 위에 올려 팔랑팔랑 손짓하더니 노래에 맞춰 무릎에 손을 탁! 하고 치는 것이었다.

별거 아니지만, 얼마나 대견하던지… 보람이 느껴졌다. 이번엔 개인기 3종 세트의 마지막인 윙크하기이다. "할머니, 할아버지한테 윙크해봐, 윙크!" 하고 말하니, 큰아이랑 작은아이랑 웃으며 코를 찡긋거리며 실눈을 뜬다. 얼마나 귀엽고 웃겼는지, 다 같이 잘했다고 칭찬해줬다. 어머님은 웬만한 여자아이

보다 애교가 많다며 흐뭇해하셨다. 그런 모습을 보며 '이런 게 아이들 키우는 행복인가?' 싶었다.

'행복한 강릉 맘'이라는 네이버 카페에서 "엄마, 행복해요?"라는 제목의 글을 봤다. 6살 된 아이와 함께 잠을 청했는데, 아들이 엄마에게 "엄마, 행복해요?"라고 또랑또랑한 눈을 하며 질문을 했다는 것이다. 그 말을 듣곤, 엄마는 "그럼, 엄마는 우리 아들이 있어서 너무 행복해."라며 대답을 했고, 아들 역시 "응, 엄마 나도요."라고 했다고 한다. 그러면서 아이 덕분에 행복한 마음이 든다고 하였다. 코로나 덕분에 오히려 아들과 더 가까워졌고, 자기 전 속마음을 털어놓는 이 시간이 기다려진다고 했다. 밑에는 "아, 정말 사랑스러워요. 올해 7살인 우리 아들도 그래요. '세상에서 제일 예쁜 울 엄마 사랑해'라고도 하고, 뜬금없이 응가를 하다가 '사랑해'라고 외쳐요.", "아이가 너무 달콤하네요. 아이의 말속에 엄마를 사랑하는 마음이 느껴져요."라는 댓글들이 보였다.

내가 아이를 낳고 난 후, 친한 고등학교 친구는 "나는 아이들이 너무 금방 커서 아쉬웠어. 키울 때도 빨리 안 컸으면 좋겠다고 생각했어."라고 나에게 말했다. 애 낳은 지 얼마 지나지 않은 나는 '애들이 귀엽긴 하지만 너무 힘들어서, 빨리 컸으면 좋겠다.'라고 생각하고 있었다.

최근에 마음의 여유가 생기고 아이들도 하루가 다르게 부쩍부쩍 커간다.

그런 모습을 보니, 시간이 너무 빠르게 흘러간다. 아이가 나를 사랑스러운 눈으로 바라봐줄 때, 엄마라고 불러줄 때, 아이들이 깔깔거리며 웃을 때, 이 모든 것이 사랑스럽고 행복하다. 나를 한 번이라도 미소 짓게 해주고, 행복하게 해주는 아이들에게 감사한 마음이 느껴지는 요즘이다.

02

가장 지혜로운 채찍,
휴식하기

육아는 체력전이다. 몸이 찌뿌둥하고 에너지가 바닥났다는 생각이 들 때, 우리는 충분한 휴식을 취해야 한다. 휴식은 부교감신경을 활성화해, 스트레스를 완화한다고 한다. 휴식을 통해, 마음의 안정을 돕고 에너지를 충전시켜야 한다. 그래야 건강한 육아가 될 수 있다. 잠시 쉬어가야 달릴 힘이 생기는 것이다.

'별것도 아닌 일에 짜증이 나고, 힘들어 죽겠다. 아무것도 하기 싫다.' 이러한 생각들이 올라오면 일단, 잠을 자라고 하고 싶다. 잠만한 보약이 없다. 사람은 잠을 못 자면 짜증과 화가 밀려온다. 또한, 배가 고프거나 영양분이 부족하면 신경이 예민해진다. 이것을 해결하기 위해서는 먼저, 잘 먹고 잘 자야 한다. 그러면 문제의 반은 해결된 셈이다.

아이가 나오자마자 수술한 부위는 아프고, 가슴까지 젖이 돌아 아프다. 병원에 있는 동안 수술한 부위가 너무 아파 쉴 수가 없었다. 산후조리원에 들어가서 맘껏 쉬다 와야지 했었다. 엄마들의 천국이라는 조리원에 들어갔다. 조리원에 들어오면 무조건 쉬고 몸을 회복해서 나오는 줄 알았다. 하지만 산후조리원에서도 프로그램에 따라 움직여야 한다. 수유도 해야 하고, 새벽에 유축도 해야 한다. 모자동시간도 가져야 한다. 그럼에도 엄마들의 천국이라 부르는 이유는 집에 오면 더 힘들기 때문이다.

피곤함에 찌든 엄마들은 잠을 잘 자야 한다. 잠잘 시간이 어디 있냐고 반문한다면, 스마트폰을 줄이고, 드라마 보는 시간에 일찍 잠을 청하라고 말해주고 싶다. 잠을 못 자면 정신건강에 치명적이다. 집중력도 떨어지고, 엄청 예민해진다. 그러면서 사람이 우울해지고 공격적으로 된다. 그 때문에 사소한 말이라도 수면 부족일 때는 다 듣기 싫은 말로 들린다.

가족들의 말이 잔소리로 들리고, 화가 나기도 한다. 다들 잠 못 자고 피곤한 날이면 공격적으로 변하는 자신을 경험해봤을 것이다. 기어온 아이들이 예쁜 짓을 해도 미소가 지어지지 않는다. 사실은 너무 피곤하기 때문이다. 이럴 때면 몇 시간이라도 푹 자고 일어나야 한다. 그러면 언제 그랬냐는 듯 기분이 좋아지는 것을 느껴 봤을 것이다.

나는 아이들과 분리 수면을 하면서 잠을 잘 자기 시작했다. 영아돌연사증후군이 생후 2~4개월에 발생하기 쉽고, 아이가 6개월 전에 사망하는 확률이 높다고 한다. 그 이후에 분리 수면을 하길 추천한다. 나는 잠순이에다 잠자리까지 예민하다. 옆에서 조금만 뒤척거리고, 움직여도 자다가 깨곤 한다. 신혼 시절 남편의 잠꼬대와 코 고는 소리로 인해 새벽에도 여러 번 깼다. 남편은 자다가 새벽에 일어나 앉아 자는 버릇이 있다. 남편이 자다가 앉으려는 '스르르' 소리만 나도 깰 정도로 예민했다.

그런 내가 아이들과 함께 자니, 신경이 쓰여 제대로 수면을 할 수가 없었다. 아이들이 번갈아가며 뒤척이는 소리만 들려도 번쩍 자리에서 일어났다. 그러곤 아이들의 상태를 확인했다. 그렇기에 마음 편히 잘 수가 없었다. 새벽에 주방에 나와 분유를 타다 잠이 달아나기 일쑤였다. 너무 힘이 들었다. 아이들은 수십 번씩 뒤척거렸고, 나도 수십 번씩 잠에서 깰 수밖에 없었다.

매일 아침 비몽사몽 정신을 못 차리는 나날들이었다. 그러니 다음날에도 피곤이 풀리지 않는 건 당연한 일이었다. 그런 일상들이 반복되니 삶의 만족도가 낮아졌다.

하지만, 분리 수면을 하면서 잠을 잘 자게 되었다. 남편의 적극적인 추천으로 분리 수면을 하게 되었다. 분리 수면을 하자고 권해준 남편에게 너무 감사하다. 확실히 잘 자고 일어나니, 아이들에게도 더 잘 해줄 수 있는 에너지가 생겼다. 잠 못 자서 짜증이 올라올 때는, 일어나서 아이들을 봐야 하는 아침이 곤욕이었다. 하지만 잘 자고 일어나니, 아이들을 돌보는 게 한결 수월해졌다. 아이들도 더 예뻐 보였다.

엄마는 더욱 잘 챙겨 먹어야 한다. 아이를 키우며 자신은 제대로 챙겨 먹지도 못한다. 신체 면역력도 떨어지고, 영양분은 모자라다. 피부는 푸석푸석해지고, 머리카락은 하나둘 빠지기 시작한다. 기력도 없다. 음식 차리기도 귀찮다. 매일 똑같은 반찬에 밥도 헐레벌떡 먹고 치운다. 그러니 먹고 나서도 허전하다. 식사시간도 일정하지 않다. 아이들 밥을 먼저 챙겨주고, 내가 식사를 하려고 할 때면 아이들이 가만두지 않는다. 배고픈 나는 신경질이 올라와 아이들에게 별것 아닌 거에 소리 지르게 된다.

이렇듯 일상에 지쳐 있을 때, 더욱 맛있는 음식과 나를 위한 보양식을 챙겨 먹어야 한다. 아이들 챙겨주기 바빠서 제대로 된 밥 한번 먹었던 적 있던가? 그럴수록 더욱 몸에 좋고, 맛도 좋은 밥 한끼 먹어야 한다.

사람들이 가장 큰 행복을 느낄 때 중 하나는 사랑하는 사람과 맛있는 음식을 먹을 때다. 기력이 딸려, 남편과 주말에 한방 갈비탕을 포장해와서 먹었다. 추운 날씨에 따뜻한 국물과 함께 보양하니, 몸에서 따뜻한 에너지가 생기는 게 느껴졌다. 몸이 힘들 때일수록, 사랑하는 사람과 맛있는 밥 한 끼 챙겨 먹도록 하자.

피로 회복에 도움이 되는 다섯 가지 음식을 살펴보면 다음과 같다.

첫 번째, 토마토는 토마토에 들어 있는 리코펜이라는 성분이 노화의 원인이 되는 활성산소를 억제해준다. 혈전 형성을 방지해 심근경색, 뇌졸중 등의 혈관질환을 예방해준다. 리코펜의 흡수율을 높이기 위해선, 익혀 먹는 것이 좋다.

두 번째, 버섯은 자연이 인간에게 준 최고의 선물이라고 한다. 버섯은 단백질을 함유하고 있어, 근력 강화에 도움이 된다.

세 번째, 딸기는 붉은색을 띠게 하는 안토시아닌이라는 색소가 강력한 항산화 작용을 한다. 안토시아닌은 시력 개선과 혈관 보호 피로 해소에 도움이 된다.

네 번째, 당근은 카로틴이라는 영양성분이 있어 시력 회복, 감기 예방 등의 효과가 있다. 식이섬유도 많이 있어 변비 예방에 좋다. 혈압이 낮아 쉽게 피로를 느끼는 사람에게 도움이 된다.

다섯 번째, 브로콜리는 항산화 물질과 철분의 함유량이 많아, 암과 심장병 예방에 도움이 된다. 비타민C의 함유량도 많아 레몬의 2배, 감자의 7배로 피로를 해소하고, 노화를 방지해주는 데 효과적이다.

나는 평일 낮에 시간이 날 때면, 휴대전화에 이어폰을 꽂고 마음을 안정시켜주는 명상음악을 듣곤 한다. 그러곤 나무마사지기구를 허리에 대고 눕는다. 평소 마사지 받는 것을 좋아하는 나였다. 하지만, 매번 받으러 가기가 어려워졌다. 그래서 시간이 나면, 셀프 마사지를 한다.

나무로 제작된 마사지기구를 이용해, 틈이 날 때 마사지를 한다. 아픈 부위로 통증을 느끼며 움직인다. 잔잔한 음악과 함께 마사지하는 시간이 나만의 힐링 타임이다. 마사지하고 나면, 긴장되어 딱딱했던 몸이 한결 부드러워진 걸 느낄 수 있다.

육아는 알고 보니, 100m 단거리 달리기가 아니다. 마라톤이다. 마라톤과 같은 육아를 하기 위해선, 내 체력이 뒷받침되어야 한다. 부모가 건강해야 아이도 잘 키울 수 있기 때문이다. 그러려면, 시간이 날 때 충분히 쉬어줘야 한다. 충분한 수면을 하고, 질 좋은 음식을 먹으며 휴식을 취하도록 하자. 편안한 음악을 들으며 마음의 안정을 꾀하는 것도 하나의 방법이다. 또한, 친한 사람들과 시간을 보내며 스트레스를 푸는 것도 휴식이 될 수 있다.

엄마이기보다
여성이라는 자아를 인식하기

나는 엄마 같은 여자일까? 애인 같은 여자일까? 나는 결혼한 이후에도 애인 같은 여자였다. 친구 같고, 동생 같고, 귀여운 아내였다. 남편 역시 그런 나를 좋아하였다. 원피스 입는 걸 좋아하고, 화장하고, 꾸미는 걸 좋아하는 나였다.

아이를 낳고 나서는 머리도 못 감고, 얼굴에 로션조차 바르지 못할 때가 많았다. 애인 같은 아내는 없어지고, 오로지 엄마의 모습만 있을 뿐이다. 어느 순간, 거울을 보고는 '남편도 나에게 정떨어지겠다.'라는 생각이 들었다. 예전

4장 : 육아 스트레스에서 완벽하게 벗어나는 법 **197**

20대의 모습으로는 돌아가지 못한다. 그래도 최소한의 예의는 지켜줬어야 했다. 예쁜 모습이 좋아서 결혼했을 텐데, 힘들다고 너무 퍼져 있는 모습만 보여준 것이다. 그런 내 모습을 보며, 남편도 사기당한 느낌이 들 터였다. 화장도 하고, 예쁜 옷을 입고 다닌 지가 언제였는가…

돌잔치 날이었다. 아이들의 외할머니, 즉 우리 엄마와 아침 일찍 돌잔치를 하는 장소에서 만나기로 했다. 내가 메이크업을 하고, 옷을 입는 동안 아이들을 돌봐줄 사람이 필요했기 때문이다.

만나기로 한 시간이 지났는데, 엄마가 보이지 않는다. 핸드폰을 열어 엄마에게 전화를 걸었다. 통화하니, 돌잔치 장소가 아닌 우리 집에 와 있다는 것이었다. 엄마는 잘못 알아들으셨나 보다. 다시 방향을 바꿔 돌잔치 장소로 오라고 하였다.

20여 분이 지나고, 엄마가 도착했다. 엄마의 모습을 보니 약간 한숨이 올라왔다. 깔끔하게 꾸미고 온 외출복이 아닌, 집에서 입을 법한 편한 옷을 입고 오신 것이다. 나는 엄마에게 다짜고짜 말했다.

"엄마, 오늘 손님들도 오시는데 좀 꾸미고 오시지…"
"…"

엄마는 대답하지 않고, 아이들을 먼저 챙겼다. 아이들을 맡기고, 작은아이가 졸려하자, 엄마에게 작은아이 좀 재워달라고 부탁하였다.

행사가 시작하기 한 시간 전이었다. 행사가 시작되기 전 아이들은 지금 자둬야만 했다. 엄마는 아기 띠를 두르고 자장가를 불러주며 작은아이를 재우기에 바빴다. 작은아이는 잠이 들었고, 엄마는 아이가 깰 때까지 업고 있었다. 눕혀 놓으라고 하니, 눕히다 깰까 봐 업고 계신다고 하였다.

잠시 후, 손님들이 들어왔다. 엄마를 소개해줘야 하는데 약간의 창피함이 몰려왔다. '엄마도 좀 예쁘게 꾸미고 왔으면 좋았을 텐데…' 하는 아쉬움이 남았다.

드디어 행사가 시작되고, 순조롭게 끝이 났다. 행사가 끝나고, 피곤했는지 아이들은 다시 잠이 들었다. 엄마는 작은아이를 업어 재우고 있었다. 손님들이 다 가고 나자, 작은언니도 나에게 다가와 한마디하였다. "엄마는 좀 예쁘게 입고 오시지. 너무 편하게 오셨네." 하고 말이다. 나도 그 말에 동감했다.

행사를 마치고 집에 돌아와 엄마에게 전화를 걸었다. 온종일 외손주들 봐주느라 힘이 들었을 엄마인데, 자꾸 뭐라고 한 것만 같아 미안해졌다. 엄마에게 고생하셨다고, 고맙다고 말하기 위해 전화를 걸었다.

"응 엄마, 막내딸. 오늘 와줘서 애들 재우고 돌봐주시느라 수고하셨어요. 엄마도 아주 힘들었을 것 같아."

"아이들은 몸 상태 괜찮냐? 너도 오늘 힘들었을 텐데 푹 쉬어라."

"네, 고마워요. 엄마. 아까 옷 때문에 뭐라고 한 거 너무 신경 쓰지 마세요."

"오늘 엄마가… 예쁘게 꾸미고 갔어야 했는데 미안히다. 아이들 먼지 봐줄 생각에 그랬다. 안아주려면 무릎도 아프고, 옷도 불편할까 봐… 편한 옷 입고 운동화 신고 갈 수밖에 없었다."

그 말을 들으니 마음이 무거워졌다. 고맙기도 하고, 죄송해서 눈물이 나올 것만 같았다. 알았다며 재빨리 전화를 끊었다. 외손주들 잔치에 누구보다 예쁘게 보이고 싶을 엄마였을 텐데… 안타까울 사람은 내가 아니라 엄마였다.

그러고 보니, 우리 엄마의 예전 사진첩을 봤을 때가 떠올랐다. 사진 속의 엄마는 시원시원한 이목구비를 가진 미녀였다. 장소는 제주도였던 것 같다. 무릎까지 올라오는 긴 부츠를 신고, 조끼를 입고 찰랑거리는 검은 머리를 날리며 우아하게 서 있는 모습이었다. 그 모습만 봐도 그 시절의 패셔니스트 같았다. 너무 아름다운 모습이었다. 외국 영화에서나 나올법한 장면이었다.

우리 엄마도 엄마이기 전에 꿈 많은 소녀였고, 여자였다. 난 어렸을 때부터 예쁜 엄마의 모습을 보며 엄마처럼만 자라면 좋겠다며 엄마를 동경했다. 우리 엄마도 누군가의 엄마이기 전에, 사랑받는 아내이고, 여자이다. 그런데 그런 모습을 알아주기는커녕, 부끄럽다고 생각하다니…. 나 자신이 한심하게 느껴졌다. 그리고 나를 사랑으로 키워주신 엄마에게 너무나 고맙고, 죄송스러웠다.

며칠 전, 평화로운 날이었다. 건조되어 나온 빨래를 거실에 놔뒀다. 빨래는 잠시 후에 개기로 했다. 점심을 먹고 설거지를 하는 중이었다. 작은아이가 후줄근한 티셔츠 하나를 가지고 왔다. 보아하니 집에서 자주 입는 내 티셔츠였다. 나에게 옷을 들이밀며, 나에게 빨리 입으라는 것이다. 그 모습을 보니 창피함과 동시에 웃음이 터져 나왔다.

"어머, 웬일이야. 애들이 내가 입었던 옷을 기억하나 봐."

왠지 목이 늘어난 후줄근한 티셔츠를 보자니, 민망함이 올라왔다. 엄마는 항상 저런 옷만 입고 있는 줄 알 것 아닌가? 옆에서 지켜보던 남편이 말했다.

"애들이 엄마 옷인 줄 아네. 근데 그 옷, 색깔이 너무 우중충한 거 아니야?"
"그러니까, 말이야…. 보는 눈이 많아서 집에 있을 때도 잘하고 있어야겠다."

그렇게 말하고 슬쩍 넘어갔다. 그러고 보니, 나도 모르는 모습을 아이들은 더 잘 아는 것 같다. 사소한 그것조차 다 알고 있다니⋯.

낮에 엄마와 아빠가 외손주들을 보기 위해 우리 집에 놀러 오셨다. 저녁에는 남편 친구들과 모임이 있었다. 엄마가 아이들과 놀아주는 사이에 샤워하고, 화장을 했다. 돌잔치 때 메이크업 가게에서 화장한 이후 처음 하는 화장이었다. 화장한 내 모습을 보니 어색했다. 그래도 화장도 하고 꾸미고 있는 나 자신을 보고 있으니 기분이 좋아졌다. 한껏 꾸미고 나온 내 모습을 본 엄마랑 아빠는 어색해하시는 것 같았다.

엄마랑 아빠가 집으로 가신 후, 남편과 나는 아이들을 데리고 남편 친구네 집으로 발걸음을 향했다. 남편은 내가 화장을 했는지 안 했는지 별로 신경 쓰지 않는 눈치이다. 친구네 도착하고, 아이들 간식을 챙기며, 어른들도 저녁 식사를 했다. 원래부터 친한 사이들이라 만나서 이야기하며 식사도 같이하니 재밌었다.

남편 친구가 내 모습을 보더니 "그런데, 너 웬일로 화장을 했어?" 하고 물어보았다. 남편 친구가 내가 화장한 것을 알아봐 준 것이다. "오늘 엄마가 집에 놀러 오셨어요. 그래서 간만에 시간이 나길래, 화장을 좀 했지요."라고 말했더니, "아, 그래?" 하며 미소를 지었다. 화장에 대한 평가는 내려주지 않았다.

그래도 물어봐줘서 내심 고마웠다.

 식사하던 중, 남편도 나를 잘 챙겨주는 모습이었다. 지나가며 머리도 한 번씩 쓰다듬어줬다. 예전의 자상한 남편의 모습을 보는 것 같아 기분이 좋았다. 그 날은 거울 속 내 모습이 마음에 들었다. 화장의 위력 때문인지, 왠지 자신감이 샘솟았다.

 우리 친언니의 남편인 형부는 여자는 항상 꾸며야 한다고 말하신다. 형부의 어머니는 아침에 일어나 눈을 뜨면, 어머니는 곱게 화장을 하시고, 항상 흐트러짐 없는 모습을 보여주시곤 하셨단다. 단정한 옷차림을 하고, 아침밥을 챙겨주는 어머니의 모습을 보며, 형부의 여성상 역시 어머니를 닮아, 항상 단정하고, 깔끔하게 꾸미고 있는 모습을 좋아한다고 했다.

 모든 엄마는 엄마이기 전에 여자이다. 미용실에 가 머리도 하고, 네일관리를 받으면 기분 전환도 되는 여자이다. 결혼하고 아이를 낳고 나면, 엄마 역할에 대해 많은 고민을 한다. 하지만, 우리가 고민해야 할 것은 엄마이기 전에 한 여성으로서의 고민이다. 누구보다 먼저, 내 안의 여성이라는 가치를 먼저 인정하고 존중해주어야 한다. 그런 후에, 사랑도 받고, 사랑을 줄 수 있는 엄마가 되자.

무엇이든 잘할 수 있다는
생각 버리기

나는 약간 느슨하게 생각하기로 했다. 육아에 대해서도 힘을 빼고, 즐거운 육아를 하기로 마음먹었다. 잘하려고 하는 욕심이 더 안 좋은 결과를 가지고 올 때가 많았기 때문이다. 투자할 때도 욕심이 앞서 투자를 하게 되면 꼭 결과가 좋지 않았다. 아이들과 놀아줄 때도 내가 할 수 있는 선까지 놀아주었다. 힘들다 싶으면, 둘이 놀게끔 유도를 하거나, 환경을 바꿔주었다.

베란다에 아이들이 뛰어놀 수 있게, 미끄럼틀과 그네를 설치해주었다. 아침에 일어나니 내 손을 이끌고 베란다로 데려간다. 짧은 다리로 계단을 성큼

성큼 올라간다. 떨어질 수도 있는 상황이기에 미끄럼틀 앞에 자리를 잡고 위험한 상황인지 살펴본다.

계단을 다 올라가더니 "아아~!" 하는 괴성과 함께 미끄럼틀을 뛰어내려온다. 미끄럼틀은 타라고 있는 건데, 이상하게 우리 아이들은 미끄럼틀을 타지 않고, 뛰어내려온다. 중심 잡기 힘든 아이들이기에 주의 깊게 봐줘야 한다.

베란다에만 가면 아이들이 계단과 미끄럼틀을 번갈아 뛰어내린다. 신경이 쓰일 수밖에 없다. 위험한 상황에서 아이들을 받아주려니 힘이 들었다. 고민 끝에 계단과 그네는 치워버렸다. 미끄럼틀은 거실로 가지고 들어왔다. 그러곤 소파 위에 올려주었다. 아이들은 역시나 미끄럼틀을 타고 올라갔다 내려왔다 하기 바쁘다.

베란다에 있는 계단을 없애버리니 그래도 아이들이 덜 위험해 보였다. 나도 아이들 보기가 한결 수월했다. 주말에는 남편이 그네를 치운 자리에 텐트를 쳐주었다. 큰아이는 안락한 공간이 생기니 박장대소를 하며 좋아했다. 작은아이는 낯선지 바로 다가가지 않고 경계하는 모습이었다. 조금 후에 적응이 되었는지, 작은아이도 텐트에 들어와 재밌게 놀기 시작했다.

나는 우리 아이들에게 너무 감사한 일이 잘 먹어주는 것이다. 아기였을 때부터 무척이나 잘 먹는 아이들이었다. 엄마의 요리 솜씨가 좋지 않아도, 이유식을 매번 맛있게 먹어주는 아이들이다.

돌봄 선생님도 우리 아이들이 무척이나 잘 먹는다며 정말 복 받은 것이라고 한다. 다른 아이 집에 있을 때는 그 아이가 너무 먹지 않아 고민이었다고 한다. 하지만 우리 아이들은 잘 먹으니 너무 보기 좋다는 것이다. 내가 봐도 우리 아이들은 먹방 방송을 찍고 남을 정도로 너무 잘 먹는다. 먹는 모습도 엄청 사랑스럽다.

이유식을 시작할 때 이유식에 대한 부담감이 컸다. 인터넷 블로그를 보면 다들 요리 대회 출신처럼 이유식 솜씨를 뽐내고 있었다. 어쩜 그렇게 정성스럽게 이유식을 만드는지 궁금할 따름이었다. 나도 블로그나 이유식 관련 책을 보며 잘 챙겨줘야겠다고 생각했다. 그러나 그것도 잠시뿐이었다. 매번 이유식을 만들며 스트레스를 받을 바엔 사다 먹이는 게 나을 것 같았다. 그리고 내가 만들기 쉬운 레시피의 이유식을 만들어 주었다.

우리 아이들은 기특하게도 너무 잘 먹고, 잘 자라주었다. 내가 만든 이유식을 보며 남편이 한마디했다.

"와, 진짜…. 우리 애들 먹성 좋다. 이유식 비주얼 보니 먹고 싶지 않은데…."

"치…. 그래도 엄마가 해주는 이유식이 맛있지."라고 반문했다. 잘 먹어 주는 아이들에게 정말 고마웠다.

나는 가끔 아이들에게 TV도 보게 해준다. 장시간은 못 보게 하지만, 엄마 아빠가 커피 한잔 먹을 때나 식사를 할 때, TV를 보게 해주기로 했다. 사실 나는 TV 시청과 스마트폰을 보여주지 말자는 주의였다. TV 시청을 하면 뇌에 안 좋은 영향을 미친다고 들었기 때문이다. 시각정보를 담당하는 후두엽을 자극해 뇌 기능을 마비시킬 수 있다는 내용이었다. 하지만, 최근에 알고 보니 시각정보를 자극하는 건 맞지만 다른 뇌 기능을 마비시키지 않는다고 한다.

매일 똑같은 놀이만 하다 보니 아이도 지겨울 것 같아 TV를 틀어주었다. TV에서는 또래 친구들이 노래에 맞춰 율동을 하는 장면이 나왔다. 그 모습을 뚫어지게 쳐다본다. 그리고 율동을 따라 하기 시작한다. 새로운 율동을 따라 하며 연신 웃어 댄다. 재밌나 보다. 간혹 내가 가르쳐주지 않아도 TV를 보고 따라 한다. TV를 틀어 줄 땐 영어로 된 프로그램을 틀어주기도 한다. TV를 잘만 이용한다면 특별히 문제 될 것 같지 않았다.

집안일에 대해서도 남편과 보이지 않는 협상이 되었다. 여전히 마음에 들지 않는 부분은 많겠지만, 어느 정도에서 타협한 것 같다. 아이들이 낮에 놀기 시작하면, 당연히 집안 전체가 어지러워지는 건 순간이다. 남편도 인정하는 것 같았다. 예전엔 무조건 불만을 토로하였는데, 지금은 이해해주고, 맞춰주려 한다.

잠에서 깨자마자 아이들이 거실로 뛰쳐나온다. 거실에 있던 블록과 과일바구니를 다 엎지르기 시작한다. 1여 년을 넘게 그 모습을 보고 있다. 이제는 그러려니 싶다. 한 시간도 채 지나지 않았는데 집안은 엉망이 되었다. 게다가 밥까지 챙겨 먹으니 설거지도 한 뭉치가 나와 있다. 하지만 그러려니 한다. 부모인 우리도 노하우가 쌓여갔다.

아이들을 산책시키기 위해, 양말과 옷을 입힌다. 밖에 나간다고 하면 좋아하는 아이들이라 수월하게 준비를 했다. 그리고 아이들을 유모차에 태운다. 남편은 옷을 갈아입고, 아이들과 함께 산책을 나선다. 이후엔 내가 재빨리 거실에 널브러져 있는 장난감과 옷가지들을 정리한다. 빨래도 돌려놓는다. 그러고도 시간이 남으면 설거지를 한다. 그리고 쓰레기봉투를 가지고 나와 버린 후, 산책에 함께 합류한다. 산책하다가 아이들이 잠이 들면 집에 들어온다. 그리고 식사를 하고 휴식시간을 갖는다. 아이들이 깨면 다시 거실과 집안이 엉망이 된다. 또, 저녁이 되고 아이들이 잠든 사이에 남편은 거실을 정리한다. 점심 동안에 나온 설거지도 한다. 이렇게 주말 동안엔 나름대로 루틴이 생겨 집안일에 대해서도 아주 수월해졌다.

인터넷이나, 책들을 보면 왜 이렇게 능력 좋은 육아 맘들이 많은 걸까? 지금은 정보 과잉의 시대이다. 그에 따른 과잉 육아에 대한 부작용이 늘고 있다. 〈리서치페이퍼〉의 기사 "완벽주의자, 과잉 육아 할 가능성 높아"에 따르면, 완벽주의 성향이 높을수록 우울증과 섬유근육통, 섭식장애와 같은 부정적인 결과를 보인다고 한다. 애리조나대학에서 실시한 연구에는 완벽주의 성향이 있는 사람이 자신이 가지고 있는 높은 기준을 자녀에게도 요구하기 때문에, 극성양육을 할 가능성이 커진다고 전했다.

'과잉 육아'란 헬리콥터 양육, 또는 온실 양육이다. 과잉 육아를 하는 부모는 자녀의 사소한 것까지 관리하며 자녀를 응석받이로 만든다. 이런 방식은 자녀가 나쁜 결과에 이르지 않게 막아주는 역할을 하고, 목표를 올바르게 가질 수 있게 한다. 하지만, 자녀에게 너무 지나치게 간섭하고, 의존적으로 만들어, 정신적 성장에 방해가 되기도 한다. 이런 성향이 있는 부모는 관점을 달리하고, 자신의 가치와 자녀의 가치를 같이 생각하는 것을 피해야 한다.

나는 뭐든 잘하는 슈퍼우먼이 아니다. 하지만 아이들과 재밌게 지내기로 선택했다. 요즘은 넘쳐나는 정보로 인해 많은 엄마가 뭐든지 잘해야 한다는 부담이 있는 것 같다. 오히려 너무 잘 키우려는 과잉 육아로 인해 부작용이 나타나고 있는 현실이다.

육아에 대한 부담감을 덜어내니, 육아가 한결 쉽게 느껴진다. 아이와 놀아줄 때는 재미있게 놀아주고, 혼자 놀 수 있을 때는 지켜봐준다. 아이가 혼자 놀고 터득할 수 있도록, 응원해주는 것도 지혜로운 엄마의 모습이 아닐까?

육아 스트레스, 나는 괜찮을 줄 알았습니다

힘들 때는 혼자 버티지 말고 도움 청하기

아이를 낳고 주변에 도와줄 사람이 없었다. 엄마는 몇 해 전 큰 수술을 하셨다. 시댁에서는 아버지가 정년퇴직하시고, 어머님이 일을 나가신다. 그래서 주변에 도와달라고 요청할 사람이 없었다. 그렇게 산후도우미 분이 가시고 혼자 육아를 했다. 하지만 너무 벅찼다.

인터넷에 육아도우미를 찾아봤다. 찾아보니 '미즈넷, 단디헬퍼'등의 사이트가 나와 있었다. 몇 시간이라도 도움을 받을 요량으로 신청을 했다. 전화가 왔고, 도우미 분이 먼집을 보고 돌아갔다. 평일 4시간 도와주시기로 했다. 다음

4장 : 육아 스트레스에서 완벽하게 벗어나는 법   **211**

날 도우미분이 오셨다.

사람을 쓰면서 가장 염려스러운 부분은 건 내가 보고 있지 않을 때, 혹여 아이들한테 나쁜 짓을 하지 않을까 하는 것이었다. 대부분 그러지 않겠지만 미디어에서 그런 소식을 접한 적이 있기 때문이었나.

한동안은 신경 써서 봐줘야 했다. 4시간은 금방 지나갔다. 내 시간이 생겨 조금은 쉴 수 있었다. 하지만, 적응할만하면 자주 사람들이 바뀌었다. 갑자기 안 오실 때도 있었다. 그러면 다시 알아봐야 했다. 사람이 자꾸 바뀌니 이것조차 스트레스로 다가왔다. 마음에 드는 분도 있었지만, 마음에 들지 않는 분도 계셨다.

몇 번 이용한 끝에 다시 혼자 육아를 하게 되었다. 그러던 중 책상 위 메모지에 아이 돌봄 서비스라고 적혀 있는 글씨를 보게 됐다. 임신 중, 집 앞에 있는 주민센터를 지나가고 있었다. 그곳 알림 게시판이 눈길을 끌었다. 아이 돌봄 서비스라는 문구가 눈에 들어왔다.

'아이 돌봄 서비스'란 만 12세 이하 아동을 대상으로 아이 돌보미가 찾아가는 돌봄 서비스를 제공하여 부모의 양육 부담을 낮추고 시설 보육의 사각지대를 보완하고자 만들어졌다고 한다. 바로 '이거다' 싶었다. 아이를 낳고, 힘들 때 아이 돌봄 서비스를 신청해야겠다고 생각했다. 그때 적어놓았던 메모를 이제야 발견한 것이다.

주민센터에 전화를 걸어 물어보았다. 친절하게 상담을 해주었다. 아이가 태어난 지 90일이 지나야만 이용할 수 있다고 했다. 대기신청을 걸어놓았다. 나는 약간의 지원도 받을 수 있었다. 남편의 사업을 도우며 재택근무를 하던 맞벌이 부부이기 때문이었다.

90여 일이 지난 후 돌봄 선생님이 배정되었다. 드디어 선생님이 오시는 첫날이 되었다. 목소리가 너무 고우신 선생님이셨다. 밝은 인상에 높은 하이톤의 목소리는 아이들도 좋아할 것 같았다. 적응하시는 며칠 동안 같이 도와가며 지켜보았다. 아이들과 잘 놀아주고, 아이를 예뻐하는 마음이 느껴졌다. 마음이 따뜻한 분 같았다.

그렇게 선생님과 함께하기로 마음먹었다. 지금까지 선생님과 아이들은 함께하고 있다. 아이들이 커가면서 선생님 혼자 돌보기가 힘들어졌다. 그래서 또 다른 선생님도 함께하게 되었다. 시간도 조금 늘렸다. 육아에 대한 부담이 훨씬 줄어들었다.

평일에 나만의 시간이 생기니, 책도 읽고 글도 쓸 수 있게 되었다. 아이들도 선생님들을 잘 따르고 무척이나 좋아한다. 선생님들도 우리 아이들을 잘 돌봐주고, 사랑해주니 감사할 따름이었다. 내가 잘한 선택 중 하나는 아이 돌봄 서비스를 이용하게 된 것이다.

남편과 정신과 의원에 찾아갔을 때의 일이다. 나는 평상시 '대장증후군'을 앓고 있었다. 나의 유년시절인 초등학생 때였다. 그때 성남에서 용인으로 이사한 지 얼마 안 됐을 때였다. 금요일 학교가 끝나면, 언니 오빠와 함께 용인에 있는 집으로 버스를 타고 이동을 했다.

그날도 버스를 기다리기 위해 버스 정류장에 서 있었다. 성남에서 용인까지의 거리는 버스를 타고 한 시간 반 남짓 걸리는 시간이었다. 버스를 타기 전 배가 살살 아프기 시작했다. 하지만, 버스를 놓칠까 봐 화장실에 갔다가 볼일도 보지 못하고 나왔다. 그래서 그런지 버스를 타자마자 배가 아프기 시작했다. 참으면 괜찮아질 줄 알았는데 도저히 나아지질 않는 것이었다.

버스는 이미 탔고, 집에 가려면 한 시간 남짓 더 있어야 했다. 더 이상 참지 못할 것 같아, 옆에 있는 오빠에게 배가 아프다고 말했다. 오빠는 다음 정류장에 같이 내리자고 말하였다. 다음 정류장을 생각해보니, 그곳은 잔디밭만 있는 허허벌판 같은 곳이었다. 그곳에 내려서 볼일을 보기가 쉽지도 않았다.

그 생각이 미치니 갑자기 힘이 풀리며 일을 내고야 말았다. 정말 너무 창피한 일이었다. 엄마가 옆에 있었으면 어떻게 해결해 줬을 테지만, 오빠랑 언니는 상황을 수습해주기는커녕, 나를 놀리고 있었다. 나는 그 일이 트라우마로 남았다. 그 이후 버스 타는 게 너무 싫어졌다. 그 후부터는 버스를 타기 한 시간 전부터 화장실에서 나오질 않았다.

시간이 흘러 그 기억은 점점 잊혀가고 버스에 대한 트라우마도 괜찮아지는 듯했다. 성인이 되어 남편과 동남아 여행을 가면서 그 일은 다시 떠올랐다. 베트남에서 라오스로 넘어가는 구간과 라오스 비엔티안에서 방비엥 루앙프라방으로 가야 하는 구간에는 버스를 타야 했다.

버스를 타고 12시간을 내내 달려야 목적지에 도착할 수 있었기에 나는 두려움이 앞섰다. 버스를 타고 가다 배가 아플까 봐 걱정되는 것이 그 이유였다. 다 큰 성인 여성이 실수하기에는 다른 사람이 이해해줄 리 없을 터였다. 남편에게도 그런 모습은 보여주고 싶지 않았다. 버스를 기다리는 시간에 심장이 쿵쾅쿵쾅 너무도 떨렸다. 화장실을 수십 번 들락날락했다.

그렇게 버스를 타고 나는 12시간 동안 물도 먹지 않고, 식음 전폐를 해가며 동남아 여행을 완주했다. 여행은 재밌었지만, 그 일로 인해 내 깊은 곳에 잔재되어있던 트라우마가 끄집혀 나온 것이다 여행을 마치고 집에 오니 밖에 나가기가 무서워졌다. 버스도 쳐다보기가 싫었다.

이대론 안 되겠다 싶어, 많은 고민 끝에 남편과 함께 동네에 있는 정신과 의원에 찾아갔다. 병원에 간다는 것 자체가 나를 정신병자로 인정하는 것 같아서 가기 싫었다. 하지만 내 마음의 짐을 덜어내고 편해진다면 가는 것이 옳았다. 그렇게 문을 열고 들어갔다.

의사 선생님의 온화한 미소가 눈에 띄었다. "어떤 점이 불편해서 오셨어요?" 하고 물었다. "아, 제가 예전에 큰 트라우마가 있었는데요…" 하며 설명하기 시작했다. 그런데 말을 하면서 그동안 힘들었던 감정들이 폭발했고, 울음이 터져 나왔다. 의사 선생님은 "정말, 힘드셨겠네요. 어린 나이에 그런 충격은 전쟁을 겪는 것과도 같은 충격일 수도 있습니다." 라며 따뜻하게 위로의 말을 해주었다. 그러곤 신경안정제와 같은 약 처방을 해주었다. 며칠 동안 약을 먹고 나니 기분이 꽤 나아졌다. 일생 생활에 지장 없을 정도로 좋아졌다.

아이를 낳고 육아로 인해 우울증에 걸린 사람들이 늘어나고 있다. 나 역시 너무 힘들어서 어디에든 의지하고 싶었을 때가 있다. 그럴 때는 전문가를 찾아가 상담받는 것도 하나의 방법이라고 생각한다. 가족 구성원 중 한 명이라도 정신적으로 힘든 상태에 있으면 다른 구성원에게 영향을 끼치기 쉽다. 내가 아는 언니도 육아 우울증으로 인해 병원에 찾아가 약을 처방받았다고 한다. 약을 먹고 지금은 많이 좋아졌다고 했다.

실제 우울증은 뇌에 있는 신경전달물질이 제대로 기능을 하지 못해서 걸린다고 한다. 우울증약에 대한 부작용을 염려하는 사람이 많은데 최근에는 부작용 없이 이용할 수 있다고 한다. 우울증으로 인해 도움이 필요하면 전문가의 손길을 내밀도록 하자. 육아하며, 신체적으로나 정신적으로나 너무 힘들 때가 많다. 그땐 주변 사람에게 도움을 요청하는 것도 하나의 방법이다.

06

모유 수유에
지나치게 스트레스받지 말기

모유가 좋다는 이야기는 다들 들어봤을 것이다. 모유를 먹어야 아기가 건강하게 잘 자라고, 엄마와의 애착 형성에도 도움이 된다는 것이다. 모유량이 많은 엄마는 엄마들 사이에서 부러움의 대상이 되기도 한다. 완전한 모유 수유를 하는 엄마들은 대단하다며 칭송받기도 한다. 하지만, 나는 엄마가 모유 수유를 하기에 힘이 든다면 분유 수유를 해도 상관없다고 생각한다. 모유를 먹이지 않는 엄마라고 죄책감에 시달릴 필요는 없다.

임신하고 산후조리원을 알아봤다. 총 4곳을 다녀왔다. 그중에서, 내가 선택한 조리원은 용인에 있는 N산후조리원이었다. 이곳은 가슴마사지에 대한 굉장한 자부심이 느껴졌다. 원장님은 가슴을 만져보기만 해도 치밀도와 모유량이 예상된다고 하셨다. 상담 중인 내 가슴을 살짝 만져보고는 치밀도가 높아 가슴이 아플 수 있겠다고 했다. 그러고 나서 열정적으로 조리원 시설과 시스템에 관해 설명을 해주었다. 1시간가량 설명을 듣고 나오니 진이 빠졌다. 털털한 내 성격과 달리 열정적이고 꼼꼼한 원장님을 보니 오히려 믿음이 갔다. 꼼꼼한 성격이라 내 아이들을 케어 해주기에는 더 좋을 것 같았다.

제왕절개 후 3박 4일의 병원 신세를 마치고, 남편과 친정엄마와 함께 아이를 데리고 조리원에 입실했다. 입실하자마자 너무 피곤해 쓰러지듯 누웠다. 잠시 후 원장님이 들어와 조리원에 있는 시설과 이용방법을 세세하게 다시 한 번 알려주었다. 간단하게 내 소개를 하고 식사를 했다. 30분 후 가슴마사지를 받으러 오라고 하였다. 아니나 다를까… 내 가슴은 딱딱하게 뭉쳐 있었다. 가슴마사지를 받으러 마사지실에 들어갔다. 치밀도가 높아 꼼꼼하게 풀어주어야 한다고 했다. 마사지를 받자 모유가 흘러나왔다.

원장님은 내 가슴을 보고선 "어머, 니플 모양이 너무 좋네요, 아이들이 빨기에 너무 좋은 가슴이에요."하시곤 나에게 니플의 여왕이라는 타이틀을 안겨줬다. 아이들이 모유를 먹기에 모양이 너무 좋다고 하였다. 아직은 양이 적게 나오지만 마사지로 풀어주면 모유량은 점차 늘어나 아이들 모유 먹이기에 충분하다고 했다.

첫날엔 모유가 20ml 정도 나왔다. 가슴마사지를 받고 나니 몸이 한결 가벼
웠다. 그리고 매일 마사지를 받고 유축을 하니 점점 양이 늘어났다. '양이 늘
어나니 완전한 모유 수유도 할 수 있지 않을까…' 라는 생각이 잠깐 올라왔
다. 내 생각을 눈치 챘는지, 원장님은 쌍둥이라 완모는 불가능하니 일찍부터
포기하라고 하였다. 굉장히 현실적인 조언이었다. 이곳 조리원에서는 쌍둥이
라 쩔쩔매고 있는 나에게 세심하게도 신경 써주었다. 특히, 이브닝 팀장님이
많은 도움을 주셨다. 모유의 양은 조리원에서 나올 때쯤엔 100ml 정도 나왔
다. 그렇게 조리원 생활을 마쳤다.

역시나 집에 와 본격적으로 육아 전쟁이 시작되니 모유 먹이긴 쉽지 않았
다. 분유 타서 먹이기에도 바쁘고, 아이들 잠깐 자는 사이에 유축도 해야 했
다. 직수도 시도해보았지만, 직수를 하던 중, 다른 아이가 배가 고프다고 울어
댔다. 수유 쿠션에 아이를 안고, 걸어가다 아이가 떨어질 뻔한 적이 있어 직
수는 일찌감치 포기했다.

'니플의 여왕이면, 뭐 하나. 양이 늘어도 뭐하나. 주지를 못 하는데…'

결국 한 달 만에 모유를 끊었다. 모유를 끊게 된 결정타가 있었다. 양이 점

점 줄어 30분간 열심히 짜냈지만 20ml밖에 나오지 않았다. 귀한 모유를 작은아이에게 먹여줬는데, 웬일인지 먹지를 않는 것이다. 모유가 맛이 없는지 혓바닥으로 젖병 꼭지를 밀어냈다. 정성껏 짜낸 모유였는데 먹질 않으니 나름 충격이었다. 입맛이 예민한 작은아이는 모유를 거부하고 분유를 선택한 것이다. 그래서 모유를 끊었다. 이후론 분유만 타서 주었지만 잘 크고 건강하게 성장해가고 있다. 우리 아이들은 저체중아로 태어났는데, 지금은 또래 아이들 못지않게 크고, 건강하다. 아토피나 면역력 질환도 없다.

TV 드라마 〈산후조리원〉에서 눈길을 끌 만한 장면이 나왔다. 나 역시 산후조리원에서의 생활을 했었기 때문에 너무 공감되는 내용이었다. 현지(엄지원)는 은정(박하선)의 권유로 열무 엄마(최자혜)와 까꿍 엄마(김윤정)와 함께 아침 식사를 하게 되었다. 은정(박하선)은 산모계의 이영애로서, 육아 베테랑이자, 인플루언서 등이 맘으로 엄마들에게 워낙 유명한 사람이었다. 게다가 모성애가 아주 강했다. 하지만 현진은 정보력도 별로 없는 초보 엄마였다. 그러다 보니 은정 위주로 대화가 흘러갔다. 모유 수유에 대한 가치관이 다른 현진과 은정은 서로에 대한 경계심을 드러냈다.

현진은 딱풀이에게 계속 수유를 성공하지 못하고 있었다. 하지만 낙심하지 않았다. 풋볼 자세 등 도전해봤지만 실패를 맛보았다. 결국, 분유 맛을 보여주다기 젖을 물리는 방법을 시도해봤다. 가장 나중에 쓰는 방식이었지만, 현진은 이것조차 실패하게 되었다.

결국, 현진은 은정의 방에 찾아갔다. 그리고 진심으로 도움을 요청했다. "도움을 청하는 것, 도와달라고 용기 내어 말하는 것, 그것이 내 첫 번째 모성이었다."라는 현진의 목소리가 들려왔다. 모성애로 인해, 진심으로 도움을 청했고, 은정은 도와주었다. 그렇게 현진은 은정의 도움으로 수유에 성공했다.

하지만 곧이어 또 다른 인물이 등장했다. 화려한 스타일로 등장한 루다이다. 화려한 스타일뿐만 아니라, 조리원에 있는 동안 분유만 주겠다며 선언한 루다를 보고는 산모들은 놀라움을 금치 못했다. 아이에게는 모유가 좋다는 원장의 권유에도 불구하고, "그럼, 엄마한테는 뭐가 좋은 건데요?" 하고 거침없이 반박하는 모습이었다. 사이다처럼 속 시원한 말과 함께 엄마들의 시선을 한방에 사로잡았다.

그 이후 은정과 루다는 수유에 대한 의견을 가지고 대립하게 되었다. 루다는 "근데, 모유를 주든, 분유를 주든 무슨 상관이에요?" 하고 말했고, "그거야, 선배로서 더 좋은 걸 추천해 주는 거죠."라고 은정은 대답했다. "여기 있는 엄마들 잠도 못 자고 스트레스받으며 짠 엄마 젖이 자유롭게 뛰놀며 행복하게 짠 소젖보다 진짜 좋을까요?"라며 루다는 반문하였다.

요즘 분유는 영양성분이 잘 설계되어 나온다. 분유로 인해 영양이나, 면역력 저하에 대해 걱정하지 않아도 될 것 같다. 모유 수유와 분유의 장점을 각각 알아보면 다음과 같다.

모유 수유의 장점이다. 첫 번째, 면역력에 좋은 성분이 나온다. 두 번째, 경제적이다. 돈이 들지 않는다. 세 번째, 별도의 준비물이 필요하지 않아 외출 시 편리하다. 네 번째, 오로 배출이 잘 된다. 모유 수유를 하면 자궁수축에 도움 되는 호르몬이 나와 오로 배출이 잘 된다고 한다. 그리고 다이어트에도 도움이 된다.

분유 수유의 장점이다. 첫 번째, 수유에 대한 역할이 분담된다. 분유 수유를 하면, 다른 사람이 대신 수유를 해줄 수 있다. 그 때문에 엄마가 조금 자유로울 수 있다. 두 번째, 음식을 자유롭게 먹을 수 있다. 모유 수유를 하면, 커피나 약물 등을 복용할 수 없다. 음식에 대한 제약이 많다. 하지만, 분유 수유를 하면 자유롭게 음식을 먹을 수 있다. 세 번째, 영양학적으로 잘 설계되어 있고, 먹은 양을 일정하게 체크 할 수 있다.

아이들에게 모유는 당연히 좋을 것이다. 하지만, 최근에는 분유도 영양 설계가 잘되어 나온다. 그에 따라 분유 수유 또한 괜찮다고 하는 엄마들이 많아셨다. 모유 수유를 하시 않아도 죄책감 가질 필요가 없는 것이다. 본인에게 알맞은 수유 방법을 택하는 것이 좋다. 분유를 먹어도 잘 크고, 모유를 먹어도 잘 크기 때문이다. 결국엔 본인이 하고 싶은 수유를 하는 것이 스트레스를 덜 받는 방법이다.

07

결과에 집착하지 말고
과정 자체를 즐기기

'피할 수 없으면 즐겨라'는 말이 있다. 요즘엔 아이들과 '어떻게 하면 즐겁게 지낼 수 있을까?' 하는 고민을 한다. 날마다 성장해가는 아이들의 모습을 보면 놀라움의 연속이다. 즐거운 인생을 살려면, 현재가 즐거워야 한다. 아이들과 일상의 소중함을 느끼며, 육아라는 즐거운 여행을 만끽하도록 하기로 했다.

현관문을 열어보니, 택배 상자가 하나 와있었다. '이게 뭐야?' 하고 뜯어보니, 그곳엔 내게가 들이있있다. 남편이 데게를 시킨 것이다. 아이들에게 대게를 보여줬다. 작은아이는 무서운지 "아냐, 아냐" 하며 고개를 흔든다. 그 모습이 귀여운지 남편은 대게를 들이민다. 결국, 대게가 무서운 아이는 뒷걸음치며 도망간다. 큰아이도 무서운지 만져보려 하지 않는다. 찜기를 가져와 남편은 대게를 찌기 시작했다. 잠시 후 빨갛게 익은 대게가 나왔다. 대게 살을 발라 아이들에게 먹여줬다. 아이들도 입맛에 맞는지 맛있게도 먹는다.

'아, 얼마 만에 먹어보는 대게였던가…'

나랑 남편도 간만에 대게를 먹으니 맛있었다. 그리고, 남편이 말문을 열었다.

"우리 애들이랑 이렇게 식탁에 같이 앉아서 먹을 만한데?"
"그러니까… 아이들이 점점 말도 잘 알아듣고, 이제야 살 만하네…"
"내년에 코로나 좀 잠잠해져서 아이들 데리고 아쿠아리움 가면 엄청 좋아하겠다."
"응 맞아. 지금도 가면 좋아할 텐데… 나중에 같이 가자."
"그래, 그리고 나는 아이들 크면 같이 여행도 가고 싶어."
"그럼 좋지, 캠핑도 같이하면 재밌겠다."

같이 이런저런 이야기를 나누었다. 가족과 함께 맛있는 음식을 먹으니 행복한 마음이 들었다.

다음 주말, 집에 도련님과 동서가 놀러왔다. 2명의 형도 함께 놀러 왔다. 형들이 놀러오면, 나는 마음이 한결 놓인다. 우리 아이들을 너무 좋아해서 웬만한 어른보다도 잘 놀아주고, 잘 돌봐주기 때문이다. 아이들끼리 놀라고 할수도 있고, 어른들끼리 대화도 한다. 동서와는 육아에 대해 많은 이야기를 오갔다.

"형님, 아이 키우기 힘들지 않으셨어요?"

"말도 마, 몇 달 동안은 진짜 힘들었어."

"그럴 것 같아요. 그래도 지금 이렇게 아이들끼리 잘 노니까 보기 너무 좋네요."

"예전에는 이런 광경 상상도 못 했는데, 이렇게 같이 놀고 있으니 진짜 신기하다."

대화를 오가던 중, 남편이 김밥을 싸서 가져 왔다. 동서는 그 모습을 보고 사뭇 놀란 듯하다.

"우와, 아주버님은 정말 자상한 것 같아요. 집에서 김밥 싸기가 쉬운 일이 아닌데…"

"아이 낳고 바빠서 신경 못써주더니, 최근에는 많이 도와주고, 신경도 많이 써줘."

"그러니까요. 두 분 다 대단한 것 같아요."

아이들도 남편이 싸준 김밥을 먹고, 이른들도 다 깊이 대화를 하며 즐거운 시간을 보냈다. 아이를 낳고 나니, 식구들끼리의 만남도 잦아지고, 사이도 좋아지는 것 같아 흐뭇했다.

10월의 어느 날이었다. 걸음마를 뗀 아이들에게 집에 있기란 여간 힘든 게 아니다. 아이들과 함께 가볼 만한 곳을 찾아봤다. 제일 먼저 '두물머리'란 장소가 나왔다. 두물머리는 남한강과 북한강이 만나는 곳이라고 한다. 차 타고 1시간 정도 소요되는 거리였다. 부담 없이 갈 만한 장소 같았다. 아이들을 뒷좌석 카시트에 앉혀 놓고, 남편과 나는 각자 운전석과 조수석에 앉았다. 시동을 걸고 출발을 했다. 신나는 음악을 틀고, 스타벅스에 들러 아이스아메리카노를 테이크아웃 했다.

드라이브를 나서니 설레는 마음이 들었다. 하늘도 파랗고 구름도 둥실둥실 떠다닌다. 바람은 불지만, 햇볕은 따뜻하다. 아이들은 차 안에서 잠이 들었다. 남편과 이런저런 대화를 하며 한 시간 남짓 달리니 목적지에 도착했다. 도착해서 바라본 곳은 한 폭의 수채화 같았다. 강가에서 안개가 모락모락 피어올라오고 있었다. 강가 옆으론, 알록달록한 나무들이 어우러져 있었다. 또 다른 한쪽엔 연꽃들로 가득했다. 강가에는 뱃사공이 나룻배를 타고 노를 저을 것만 같았다. 너무 아름다운 광경이었다. 유모차를 끌고 강가 근처를 둘러보기로 했다. 사진도 찍고, 돗자리를 깔았다. 다 같이 둘러앉아 간식도 먹었다. 간만에 나들이를 나오니 너무 기분이 좋았다. 그렇게 가족들과 행복한 시간을 보냈다.

겨울이 되고 하늘에 흰 눈이 펑펑 쏟아졌다. 거리에는 새하얀 눈이 소복소복 쌓여갔다. 아이들에게 눈을 밟게 해주고 싶었다. "우리 밖에 나가서 눈 구경할까?" 하며 아이들에게 옷을 입히기 시작했다. 바깥 날씨가 추워, 손에는 장갑을 끼우고 두툼한 옷의 잠바를 입혔다.

신발을 신기고 밖에 나왔다. 밖에 나가는 것만으로도, 너무 신이 나는 아이들이다. 발을 동동거리며 "꺅! 꺅!" 소리를 지른다. 엘리베이터를 타고 1층에 도착했다. 현관 밖으로 나왔다. 온통 하얗게 변한 바깥세상을 보니 더욱 좋아한다. 내가 잡아 준 손도 뿌리치며 열심히 걸어 나간다. 눈이 쌓여 길이 미끄럽다. 그래도 짧은 다리로 아장아장 잘도 걷는다. 뽀드득 뽀드득, 눈이 밟히는 소리가 좋은지, 유심히 귀를 기울여 듣는다.

아파트 단지 내에 있는 놀이터에 도착했다. 놀이터에 시소가 자리 잡고 있었다. 아빠는 큰아이를 안고, 나는 작은아이를 안고 시소를 탔다. 10여 년 만에 처음으로 시소를 타는 것 같다. 체중 때문인지 의외로 시소가 높이 올라갔다. 그리고 다시 내려오기를 반복했다. 겁이 많은 작은아이는 재밌으면서도 무서워하는 눈치다. 동심으로 돌아가 아이들과 함께 신나게 시소를 탔다. 남편은 "엄마가 더 신이 났네."라며 아이들을 향해 말했다. 시소를 디는 모습을 지켜보던 동네 아이 2명이 우리 쌍둥이들을 보더니 다가와 말을 붙인다.

"얘는 남자고, 얘는 여자예요?"
"아니, 둘 다 남자야~"
"아 그렇구나. 애기들 엄청 귀여워요."
"그래, 너도 귀여워. 너네도 형제야?"
"네, 밖에 나왔는데 같이 놀아줄 친구들이 없어요."

요즘 코로나로 인해, 사람들이 밖에 잘 나오지 않는다. 놀이터에는 우리와 그 형제뿐이었다. 한참 밖에서 놀 아이들인데 마음 한편으로 안됐다는 생각이 들었다. 나는 인사를 하고, 돌아다니기 바쁜 아이들을 쫓아갔다.

한참을 놀고 집에 들어왔다. 그러곤 목욕할 준비를 했다. 욕조에 물을 받아놓고, 장난감을 욕조에 띄웠다. 작은아이는 물놀이를 워낙에 좋아한다. 욕조 안 장난감을 만지며 코를 찡긋거리며 웃는다. 목욕이 끝났는데도 나가기 싫다고 한다.

욕실 문 뒤에선 큰아이가 자기 차례라며 문을 열고 들어오려고 하는 중이다. 작은아이를 아빠에게 넘기고 큰아이와 목욕 시간을 가졌다. 뽀글뽀글, 뽀글뽀글, 샴푸로 머리도 감겨주고, 말랑말랑 부드러운 몸에는 바디워시로 거품을 내어 닦아주었다. 나는 아이들과 목욕하는 시간이 즐겁다. 목욕하면서 아이와 많은 교감을 하는 것 같다. 하늘은 노랗게 노을이 지고, 그렇게 또 하루가 지나갔다.

즐거운 인생을 살려면, 지금 이 순간을 즐겨야 한다. 과정이 즐거운 여행이라야, 즐겁고 행복한 여행이 되는 것이다. 아이들과 일상의 즐거움을 느끼며, 육아라는 즐거운 여행을 만끽하도록 하자. 코로나가 잠잠해지면, 아이들과 함께 많은 곳을 가고 싶다. 그리고 많은 것을 경험시켜주고 싶다. 키즈카페도 가고, 아쿠아리움도 함께 갈 것이다. 백화점에 가서 쇼핑도 하고, 아이들과 함께 캠핑도 하고 싶다. 아이들이 조금 더 크면 해외여행도 갈 것이다.

08

누가 뭐래도
나만의 육아 스타일을 찾기

    엄마가 육아를 잘하기 위해선, 자신만의 육아 규칙을 만드는 것에 집중해야 한다. 아이들의 말과 표현을 충분히 들어주고, 공감해줄 수 있는 마음이 필요한 것 같다.

    앞서 우리 아이들은 책과 앨범을 너무 잘 본다고 말했다. 태어난 지 얼마 안 됐을 시기에도 초점 책과 촉감 책을 보기도 하고 만져보기도 하며 한참을 가지고 놀았다. 그리고 앨범에 있는 사진을 보는 것도 잠깐의 흥미인 줄 알았다. 하지만 지금까지도 사진을 보면서 관찰하고 배워나간다.

우리 아이들이 사진을 보고 배우고 익힌 것은 다음과 같다.

첫 번째, 인물 사진들을 보면서, 인지발달을 하는 것이다. 사진 속 엄마, 아빠와 할머니 할아버지를 보면서 인물들을 구별하게 되었다. "엄마 어딨어?" 하면 정확하게 집어낸다.

두 번째, 사물을 보면서, 사물의 언어를 익힌다. 사진 속 배경에 나와 있는 사물을 유심히 관찰한다. 오토바이, 자동차, 우산, 모자, 안경, 등을 보면서 언어를 익힌다.

세 번째, 인물들의 행동을 따라 하기 시작한다. 케이크를 앞에 두고, 외할머니, 외할아버지, 큰이모, 삼촌 등 가족들이 둘러싸여 있다. 그 모습을 보더니 두 아이가 손뼉을 치면서 촛불을 끄는 시늉을 한다. 생일 축하하는 모습을 보고 따라 하는 것이다. 이러한 행동을 따라 하면서 신체 발달에도 많은 도움이 되고 있다.

작은아이는 조심성이 많은 아이다. 구강기에도 입안에 물건이 들어보면, 함부로 삼키거나, 씹지 않았다. 입에 넣어 보고 이상하다 싶으면 뱉어내는 아이였다. 하지만 큰아이는 반대였다. 겁도 없고, 조심성도 없다. 입안에 물건이 들어오면 먼저 삼키기에 바빴다. 입에 물고 있는 것을 휴여나 엄마가 뺏어갈까 봐 헐레벌떡 삼켜버리는 아이였다. 그러다 보니 기도가 막혀 큰일 날 뻔한 상황이 발생 된 것이다. 그 이후론 입에 뭐든 들어갈 때 항상 긴장하며 유의 깊게 관찰을 했다.

이유식을 머일 때도 작은아이는 충분히 녹여서, 씹고 삼킨다. 하지만 큰아이는 뭐든 꿀떡꿀떡 넘긴다. 조심할 만도 한데, 뭐가 그리 급한지 자꾸 삼키기에 바쁘다. 그렇다 보니 또래 아이들보다 이유식 진행 속도가 늦어졌다. 남들은 이유식을 끝내고 밥을 먹을 시기에 우리 아이들은 이유식 후기를 진행하고 있었다. 과일과 간식도 항상 잘게 부수어주었다.

같은 또래 엄마들은 이런 나를 보고 유별나다고 생각할 수도 있을 터였다. 아는 언니는 "아이들 지금 밥 먹여도 돼, 너무 늦게 먹이는 거 아니니?" 하며 나를 추궁하기도 했다. 지금은 어금니가 나기 시작하여, 큰아이도 잘 씹고 잘 삼킨다. 밥도 잘 먹는다. 조금 늦고 빠를 뿐이다. 아이마다 기질도 다르고, 성향도 다르다. 발달상황도 조금씩 다르다. 나는 내 아이가 더 중요하기에 다른 사람의 육아 방식에 맞출 수 없었다.

걸음마를 할 때였다. 중고카페와 당근 마켓에 가입을 하고 보행기를 알아봤다. 중고의 물건을 사주려니 좀 미안하기도 했지만, 잠깐 쓰고 버리는 것들이 많은데, 효율성을 생각해서 중고로 사는 것도 나쁘지 않다고 생각했다. 중

육아 스트레스, 나는 괜찮을 줄 알았습니다

고카페를 뒤져보니, 보행기 하나가 올라와 있었다. 상품도 좋아 보이고 집에서도 멀지 않아, 보행기를 가지러 갔다. 2만 원을 주고 보행기를 받아 왔다. 집에 도착하여 보행기를 깨끗이 닦고 아이를 태워보았다.

그런데 보행기에 앉아 있기가 싫은지, 앉혀놓기만 하면 우는 것이다. 처음이라 낯설어서 그런가 보다고 생각했다. 하지만, 다음 날이 되어도 보행기를 타면 징징댔다. 그리고 또 그다음 날이 되어서도, 보행기에만 앉혀 놓으면 울었다. 결국, 다시 중고로 되팔 수밖에 없었다. 새 상품을 사고 아이가 타기 싫어하면 곤란한 상황일 게 뻔했다. 이미 사용을 했기에, 반품할 수도 없었다. 보행기를 다시 되팔 수 있어서 다행이었다.

아이들이 크면서 많은 장난감이 필요해졌다. 장난감을 사줘도 시간이 지나면 금세 흥미를 잃는다. 그러다 보니 크고 작은 장난감이 쌓이게 되었다. 이러니 매번 새 상품으로 장난감을 사줄 필요가 없다고 느끼게 된 까닭이다.

아이가 각자의 개성이 있듯이 엄마의 육아 스타일도 각자의 개성이 있다. 네이버 블로그 '국피디의 육아저널'에서 '부모의 양육태도 유형의 종류와 특징'으로 4가지 양육 스타일과 자녀의 행동에 미칠 수 있는 영향에 관해 설명해놓았다.

첫 번째는, 권위적 양육 태도이다. 민주적 양육 태도라고도 하며, 자녀의 요구에 대한 수용도가 높고, 자녀에게 온정적이다. 자녀에게 반응해주고, 적절한 자율성을 인정해줌으로써, 자녀가 스스로 결정할 수 있도록 돕는다. 소통이 가장 중요한 원칙이며, 자녀의 감정과 욕구를 표현할 수 있도록 격려한다. 가정의 의사 결정에도 자녀를 참여시킨다.

권위적 태도를 보인 부모는 자녀와의 관계가 즐거우며 정서적으로도 충만하다. 이런 유형의 부모에게 자란 아이들은 높은 자존감을 형성하고 행복감을 느낀다. 부모에게 협조적이며 자기 조절능력과 자기통제능력 등 사회적이나 도덕적으로 성숙한 모습을 보인다.

두 번째는, 권위주의적 양육 태도이다. 이런 양육방식은 지나친 억압과 간섭을 하는 독재적인 양육 태도이다. 아이들은 부모가 정한 엄격한 규칙을 따르고 부모의 지시에 대한 조건 없는 복종을 해야 한다. 자녀가 복종하지 않으면, 대개 처벌과 강제적 힘을 행사하는 유형이다.

권위주의적인 부모들은 욕구가 지배적이며, 자녀의 자율성은 인정하지 않는다. 자녀의 자기표현과 독립적인 모습을 제한한다. 이런 양육 태도를 보인 부모에게서 자란 아이들은 항상 불안해하며, 낮은 수준의 자존감과 낮은 신뢰감을 형성하게 된다. 자기를 탐색할 기회가 없으므로, 성인이 되고 정체성의 발달에 어려움을 느낄 수 있다.

세 번째는, 허용적인 양육 태도이다. 허용적인 태도는 자녀에 대한 요구가 거의 없고, 자녀의 행동 통제나 권력사용에 별다른 관심을 보이지 않는다. 대체로 온정적이고 수용적이다. 자녀의 요구에 지나치게 관대하거나 자기통제에 대한 기대가 상대적으로 낮아 행동 통제를 거의 하지 않는다. 자녀가 결정할 능력이 없는 나이임에도 많은 결정을 하도록 허락한다.

이런 유형은 자녀 양육에 대한 자신감이 없고 자신의 영향력에 대한 확신이 부족하다. 이렇게 자라난 아이들은 참을성이 없고, 어른들에게 과도한 요구를 할 때가 많고, 학업성취가 낮다.

네 번째는, 방임적 양육 태도이다. 관여하지 않는 무관 심형의 태도이며, 자녀의 의견에 대한 수용과 통제는 없고 최소한의 관심만을 보인다. 자신의 생활에서 지나친 스트레스를 받는 부모일 경우 심리적 여유가 없어 자녀 양육에 대한 의지가 희박하다. 자녀에게 요구가 적고, 의사소통도 거의 없다. 이런 부모 아래에서 자란 아이들은 낮은 학업 성취도와 우울, 반사회적 행동을 보이는 특징을 가지고 있다.

나는 권위 있는 양육 태도와 허용적 양육 태도를 보이는 듯하다. 부모마다 관점과 기준이 다르므로, 부모의 양육 태도를 한 가지로만 단정하기는 어렵다. 하지만 부모의 생각과 행동이 자녀에게 큰 영향을 미치는 것은 분명하다. 그러니 자기만의 육아 스타일을 확립해가는 것이 중요하겠다. 부모는 아이에게 애정을 가지고, 아이를 대하는 나의 마음가짐이 어떠한지 파악하여, 나만의 원리 원칙을 세워나가면 좋겠다.

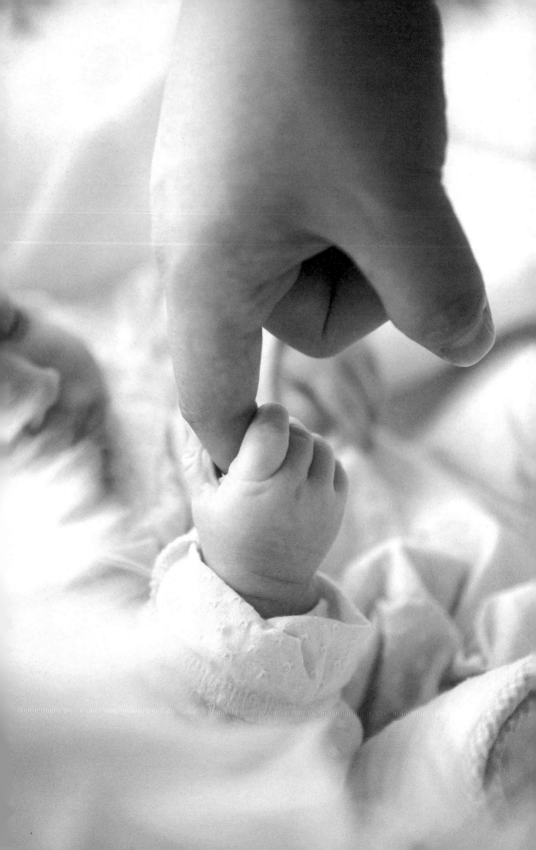

5 장

오늘도 아이에게 화내고
소리 지른 당신에게

01

오늘도 아이에게 화내고
소리 지른 당신에게

남편과 나는 36개월까지는 특별한 훈육을 하지 않기로 했다. 36개월 이하의 아이들은 어른들의 말을 제대로 이해하지 못하기 때문이다. 생각해 보면 훈육의 기준도 모호하다. 화내고 소리 지르는 것이 훈육일까? 잘못된 걸 잘못했다고 말해주는 것이 훈육일까? 어쨌든 남편과 나는 사소한 일은 웃어넘기기로 했다.

16개월이 되었다. 큰아이가 작은아이를 자꾸 할퀴고, 때리기도 한다. 그리고, 작은아이가 하는 공갈 젖꼭지를 보면, 따라가서 공갈 젖꼭지를 뺏곤 한다. 그러곤 자기 입에 바꿔 낀다. 그 모습이 처음엔 웃기기도 하고 귀여웠다. 하지만 그러한 행동이 반복됐다. 뺏기는 작은아이에게 스트레스가 될 만한 요인이었다. 게다가 뺏기는 과정에서 얼굴이 손톱에 긁혀 상처까지 난 것이다. 그런 상황이 계속되니 이대로는 안 되겠다 싶었다. 특히 남의 걸 빼앗고, 때리는 것은 잘못된 행동이다. 최소한의 옳고 그름은 가르쳐줘야 한다고 생각했다.

저녁이 되었고, 아이들이 졸려하는 시간이 됐다. 잠이 오는지 공갈 젖꼭지를 찾는다. 앞으로는 공갈 젖꼭지도 떼야 한다. 아직 마음의 준비가 된 것 같지 않아, 두 돌까지만 공갈 젖꼭지를 물리기로 했다. 공갈 젖꼭지를 둘 다 물려주었다. 그리고 "쥐돌이 가져와." 하고 말했다. 곧이어 쥐 모양의 인형을 가져온다.

쥐돌이는 쥐띠해에 선물로 받은 인형이다. 아이들이 무척이나 좋아한다. 작은아이는 쥐돌이가 없으면 잠을 청하지 못할 정도이다. 그렇게 자려고 준비를 하는 중이었다. 큰아이가 어김없이 작은아이 입에 물려 있는 공갈 젖꼭지를 빼앗는다. 빼앗긴 작은아이는 짜증을 내며 엉엉 울어댔다.

나는 큰아이에게 다가가 "동생 공갈 젖꼭지 빼면 어떡해. 앞으로 뺏지 마. 동생한테 갖다 줘." 하고 말하였다. 다가가 주는 듯하더니 시늉만 하고 주지를 않는다. 다시 한 번 "갖다 줘." 하고 큰아이의 눈을 똑바로 바라보며 단호하게 말하였다. 고민하는 듯하다가 이내 작은아이 입에 공갈 젖꼭지를 물려준다.

이렇게 한 번의 말로 일이 해결되면 얼마나 좋은가? 잠이 들 때까지 둘의 싸움이 계속 되풀이된다. 싸움이라기보다 작은아이가 계속 당하는 처지다. 이번에는 쥐돌이까지 빼앗겨 대성통곡을 한다. 내가 보아도 너무 하다 싶은 상황이다. 불난 집에 부채질하는 격이다. 자꾸 빼앗는 큰아이에게 울컥 화가 올라왔다. 하지만 이내 침착한 모습을 보이며 다시 큰아이에게 설명을 해주었다. '이건 네 것이 아니다. 더 뺏지 말아라. 그런 행동은 좋지 않은 행동이다.' 라고 말이다. 알아듣는 것인지 모르는 건지 내 얼굴만 빤히 쳐다본다.

곧이어 작은아이는 잠이 들었다. 큰아이는 아직도 눈이 말똥말똥하다. 잠이 오지 않는 모양이다. 오늘따라 자지 않고 나에게 장난을 걸어온다. 내 귀를 잡아당기기도 하고 머리카락을 잡아 뜯기도 한다. 심지어 허벅지까지 물기 시작했다. 참았던 화가 터져 나왔다. "아야! 엄마를 물면 어떡해!?" 하며 소리쳤다. 그래도 아랑곳하지 않는다. 이번엔 잠이 든 작은아이에게 다가간다. 그러곤 배 위에 올라타려고 준비를 한다. 작은아이를 깨우려나 보다.

큰아이를 얼른 안아, 작은아이한테 못 가게 막았다. 큰아이를 똑바로 눕혔다. 도저히 화를 내지 않고는 버틸 수 없는 상황이다. "왜 이렇게 돌아다녀? 오늘따라 왜 이렇게 안자? 이제 자야 할 시간이니까 얌전히 누워서 자!" 하며 화를 내었다. 엄마가 버럭 하고 화를 내니 기가 한풀 꺾인 듯하다. 분위기를 보니 엄마가 못 다니게 방해하니까 더 돌아다니지도 못하겠고, 누워서 인형을 안고 있다.

천장을 보며 한참 동안 눈을 껌벅껌벅하더니, 드디어 잠이 들었다. 자는 모습은 어쩜 이렇게 예쁜지… 정말 천사가 따로 없다. 잠이 든 아이의 얼굴을 보니 또 미안한 마음이 올라온다. 괜히 큰아이에게 화를 냈나 하는 죄책감도 올라왔다. 잘 자는 모습을 확인한 후, 거실로 나왔다. 시간을 보니 2시간이 훌쩍 지나 있었다.

웨인 다이어가 쓴 『행복한 이기주의자』에는 죄책감에 대해 다음과 같이 말한다. 우리는 죄책감이라는 음모에 빠진다. 계획된 음모는 아니지만, 우리를 못 말리는 죄책감 기계로 탈바꿈시킨다고 한다. 내가 무언가를 했거나, 하지 않았거나, 말하거나, 말하지 않았다는 이유로 '나쁜 사람'이라는 메시지를 상기시킨다. 그러면 우리는 기분이 순간적으로 착잡해지게 된다.

오랫동안 우리를 죄책감 기계로 만드는 이유는 무엇일까? 죄책감을 느끼지 않는다면, 왠지 내가 나쁜 것 같고 걱정하지 않으면 매정하게 여겨지기 때문이다. 이런 것은 모두 '배려'와 관련이 있다. 배려하는 마음을 가지고 있다면, 저지른 일에 대해 죄책감을 느끼면서 앞으로 어떻게 될지 걱정하고 있다는 모습을 보여야 한다. 이것은 내가 따뜻한 사람이라는 꼬리표를 얻기 위한 반응인 것이다.

최근에 아이들에게 어린이 책상을 사주었다. 그곳에 앉아 책도 읽고 간식도 먹기 위함이었다. 책상에 앉아 아이와 함께 책을 읽었다. 아이들이 의외로 잘 앉아 있어서 흐뭇했다. 아이들도 책상이 마음에 든 눈치였다. "엄마 잠깐 화장실 좀 갔다 올게, 여기서 얌전히 책 읽고 기다리고 있어." 하곤 자리를 비웠다. 잠시 후, 다시 자리에 돌아왔다. 얌전히 앉아서 책을 읽고 있을 거라 생각했던 내 기대와는 달랐다. 두 아이 모두 책상 위에 올라가 방방 뛰고 있었다. 곧이어 책상에서 뛰어내릴 준비를 한다.

책상에서 떨어지면 다칠 것이 뻔했다. 나는 곧장 아이들 앞으로 달려갔다. "책상에 앉아 있으라고 했지! 누가 책상 위에 올라서 있으라고 했어?" 하며 윽박질렀다. 그랬더니 책상 위에 그대로 앉아버리는 아이들이다. "참나, 내려와서 앉아야지. 책상 위에 앉아 있으면 어떡해?" 하며 아이들을 강제로 안아 바닥에 내려놓았다. 책상 위에 올라가고 싶은데 못하게 하니 울음을 터트렸다. 위험한 상황이라는 것이 뻔히 보이는데, 아이들이 내 말을 듣지 않으니 소리를 지를 수밖에 없었다.

주변에 두 아이를 키우는 이웃집 엄마가 있다. 그 엄마는 화를 못 참는 성격이다. 기분이 좋을 때는 한없이 아이들에게 잘해준다. 하지만 뭔가 못마땅한 상황이 생기면 아이와 주변 사람에게 화풀이를 한다. 아이들은 엄마가 좋지만, 언제 화낼지 모르는 상황이다. 아이들은 항상 긴장 상태에 있을 수밖에 없다. 때문에 아이들의 자존감은 떨어지고 엄마의 비위를 맞추기 위해 눈치를 보기 바쁘다.

웨인 다이어는 『행복한 이기주의자』에서 화에 대해 다음과 같이 말한다.

"화를 내는 것은 버릇이자 선택문제이다. 실망할 때 나타나는 몸에 밴 반응일 뿐이다. 화라는 것은 기대가 충족되지 않을 때 통제가 되지 않는 반응을 가리킨다. 대개 화를 내는 것은 다른 사람이 마음에 들지 않거나 못마땅하게 생각하기 때문이다. 모든 감정이 그러하듯 화 또한, 생각이 만들어 낸 것이다. 자신이 원하는 방향으로 상황이 이뤄지지 않을 때나 실망하게 될 때의 반응으로 화를 내는 것이다. 하지만 화는 제거할 수 있다. 그러려면 생각을 뒤집어야 한다. 스스로 무슨 말을 되뇌는지 깨닫고, 전과는 다른 감정이나 생산적인 행동을 할 수 있게 새로운 말들을 만들어내라."

육아엔 정답이 없다. 엄마는 신도 아닌 사람이기에 화를 내기도 한다. 아이에게 한 번도 화를 내지 않는 부모는 아마 없을 것이다. 나 역시 아이들에게 윽박지르며 소리 지르기도 하고, 화를 내기도 한다. 그리고 자책하며 후회하기도 했다. 또다시 죄책감이 밀려와 우울감에 빠지기도 했다. 하지만 죄책감으로 인해 더 이상 좌절하지 말자. 자신을 자책하기보다는 차라리 과거의 행동에서 배움을 얻고 다시 반복하지 않겠다고 다짐을 하자.

02

세상에
완벽한 엄마는 없다

'완벽한 엄마 아니죠, 어설픈 엄마 맞습니다.'

엄마가 되니 아이와 어떻게 놀아줘야 할지, 뭘 먹여야 할지 항상 고민이다. 요즘 시대는 많은 엄마들이 육아와 가사 일까지 완벽한 엄마가 되려고 한다. 육아를 잘하려고 하면 할수록 마음대로 되지 않는다. 무기력해지고 아이들이 엇나가는 상황도 발생한다. 아이들의 행복이 자신의 행복과도 연결되는 것이다. 큰 노력을 하지만 세상에 완벽한 엄마는 없다. 나는 완벽한 엄마가 되기보다는 행복한 엄마가 되기로 했다.

우리 엄마는 자식들을 사랑으로 키우셨다. 나는 그런 엄마가 너무 좋았다. 엄마가 시장에 다녀오실 때면, 골목 앞 길목에서 엄마가 오시길 한참을 기다렸다. 엄마가 저 멀리서 오시는 모습이 보일 때면 뛰어가 안겼다.

엄마 모임에 따라갔을 때가 생각난다. 엄마 친구분들은 돗자리를 펴고 계곡에 자리를 잡았다. 친구들과 즐거운 시간을 갖는 엄마들만의 시간이었다. 나를 집에 혼자 두고 올 수 없었던 엄마는 나와 함께 모임에 나가셨다. 삼겹살을 굽고, 고기가 다 익으면, 엄마는 제일 먼저 나를 챙겨주었다. 엄마가 먹기도 전에 말이다. 엄마도 친구들과 수다 떨고 식사도 하고 싶었을 테다. 그럼에도 항상 나를 먼저 챙겨주었다.

어느 날은 싸우다 토라져서 방에 들어갔다. "밥 먹어라." 하고 말해도 밖에 나가지 않았다. 한동안 시간이 흐르자, 엄마가 살며시 방문을 열고 들어왔다. "왜 기분이 안 좋았어? 엄마가 이렇게 안 해줘서 기분이 안 좋은 거야?" 하며 내 기분을 물었다. 그때 화가 난 이유에 대해선 기억나지 않는다. 하지만, 엄마가 건넨 따뜻한 말 한마디는 기억에 남았다.

초등학생 때이다. 여름 바닷가를 가족들과 함께 놀러갔다. 동해에 있는 바닷가에 도착했다. 모래사장 위에 텐트를 치고, 모래성도 쌓았다. 바닷가에 나가 수영도 하며 재미있게 놀았다. 이튿날이 되었다. 오빠와 아빠가 바다 위에

솟아있는 조그마한 바위섬에 가기로 했다. 나도 데리고 가라고 오빠에게 졸 랐다.

오빠와 아빠는 수영복으로 갈아입었다. 이어서 바닷가로 들어가기 시작했다. 나는 오빠 손을 잡고 따라 들어갔다. 조금 깊이 들어가자 발이 닿지 않는 것이다. 나는 겁이 나서 못 들어가겠다고 했다. 오빠는 내가 무서워하니, 목말을 태워줬다. 하지만 목말을 태워줘도 바닷물이 출렁이는 모습에 두려움이 생겼다. 결국, 나는 섬에 가지 않았다. 밖에서 기다리기로 했다.

모래사장에서 한참을 기다려도 오빠랑 아빠는 보이지 않았다. 나는 모래성을 쌓으며 더 기다려보기로 했다. 어느덧 해는 뉘엿뉘엿 저물어 가고 있었다. 그런데 갑자기 내 이름을 부르며 급하게 달려오는 엄마의 모습이 보였다. 나도 모르게 "엄마!" 하며 엄마 품에 안겼다.

엄마는 숨을 거칠게 내쉬고는 "어디에 있었어? 여기에 계속 앉아 있던 거야?" 하고 물었다. 그래서 바다를 들어가기로 했는데 무서워서 들어가지 않았다고 설명해주었다. 엄마는 안도하며 나를 꼭 안아주었다. 엄마의 품은 역시나 따뜻했다.

엄마 손을 잡고 텐트로 돌아오니, 아빠와 오빠는 돌아와 있었다. 나랑 같이 나갔는데, 막내는 보이지 않고, 둘만 태연하게 걸어오니, 막내를 잃어버린 줄 알고 뛰어다니며 나를 찾아 다니신 것이다. 걱정했을 엄마 마음을 생각하면 안쓰럽지만, 내심 나를 이렇게 찾아다니는 엄마의 모습을 보니 '엄마가 나를 정말 사랑하는구나.'라는 생각이 들었다. 엄마는 그날 저녁 텐트에서 내가 잠을 설쳤다고 했다. 엄마는 자장가를 불러주었고, 얼마 지나지 않아 잠이 들었다고 한다.

우리 4남매를 사랑으로 키워주신 엄마에게도 단점은 있었다. 중학교가 되어 도시락을 싸서 갔을 때였다. 반찬 통을 열어보니, 김치 국물이 새어나와 있었다. 때론 다른 반찬과 뒤섞여 있을 때도 있었다. 내가 봐도 썩 먹고 싶은 비주얼은 아니었다. 게다가 반찬의 종류는 언제나 몸에 좋은 나물 반찬이 주를 이뤘다.

엄마의 요리는 다른 사람 입맛에 맞지 않는 것 같았다. 친구들과 반찬을 나눠 먹고 나면 나의 반찬이 가장 많이 남아 있었다. 그래도 나는 엄마에게 반찬에 대해 한마디하지 않았다. 새벽에 일어나 자녀 4명의 도시락을 싸주려면 힘이 부치기 때문이다. 학교 갔다 돌아오면 배가 출출했다. 삶은 감자와 고구마가 간식의 대부분이었다.

어느 날은 윗십에 사는 고모가 놀러오라고 하였다. 고모네 집에 들어가니,

고모가 도넛을 만들고 있었다. 밀가루 반죽을 하고 기름에 튀겨 설탕을 발라주었다. 앞치마를 하고 도넛을 만드는 그 모습이 나는 인상 깊었다. 우리 엄마와 상반되는 모습이기 때문이었다. 나에게 살뜰하게 간식이며, 놀 장난감이며 다정하게 챙겨주었다. '우리 엄마는 저런 간식을 만들어준 적이 없는데, 고모는 요리를 잘하시나 보다. 뇌게 가성비이시네.'라는 생각을 했던 것 같다.

완벽하지 않은 우리 엄마이다. 그래도 우리를 사고 한번 치지 않게 바르고, 건강하게 잘 키워내셨다. 거기엔 우리 엄마의 헌신적인 사랑이 한몫했다고 생각한다.

남편과 저녁을 먹을 때였다. 엄마에 관한 대화가 오갔다. 우리 엄마는 어렸을 때 자식들을 정말 예뻐했다고 했다. 그래서인지 우리 쌍둥이들도 엄마가 너무 예뻐하고 귀여워한다고 했다. 하지만 학창시절 도시락을 열어보았을 때는 실망한 적도 있다고 말했다.

내 말을 듣던 남편은 "우리 아이들은 이제 급식을 먹겠지만, 너도 같은 상황이라면 도시락 잘 싸줄 자신 있어?" 하고 되물었다. "글쎄, 나도 도시락 같은 거 잘 못 싸줄 것 같지?" 하고 말했다. "너도 장모님이랑 비슷할 것 같아." 라고 말하는 남편이었다.

생각해보니 나도 엄마와 별반 다르지 않을 것 같았다. 아이들을 예뻐하고 잘 놀아주긴 하지만, 요리에 대해서는 자신이 없었다. 살림도 잘 못하는 나이기에 별 기대도 안 하는 남편이었다.

몇 년 전 친한 언니는 딸에게 요리도 못해주고, 잘 챙겨주지 못해 미안해했다. 그런데 딸마저 언니에게 한 방 먹였다고 한다. 옆 동에 사는 엄마가 빵을 구워 줬는데 딸이 너무 맛있다며 좋아했다는 것이다. 그러면서 딸이 "다른 엄마는 요리도 엄청 잘하는데, 우리 엄마랑 바꿨으면 좋겠다." 라는 말을 했다고 한다. 그 언니는 딸의 말을 듣고 매우 낙심해 있었다. 그 이후, 그 언니네 집에 놀러가게 되었다. 아이들에게 요리도 잘 챙겨주고 훨씬 나아진 모습을 보여줬다. 언니도 딸의 말에 충격을 받고 노력을 많이 하는 것 같았다.

내 친구 중 살림과 요리를 잘하는 친구가 있다. 주변 사람에게도 살갑게 잘 챙겨주는 스타일이다. 모든 게 완벽할 것만 같던 그 친구도 나에게 고충을 털어놓았다. 도대체 아이들과 어떻게 놀아줘야 할지 모르겠다는 것이다. 장난감을 사줘도 금방 질려 하고, TV도 보여줬으나, 아이에게 좋지 않은 영향을 미칠까 걱정되어 최근에는 보여주지 않는다고 하였다. 온종일 아이와 시간을 어떻게 흘려보내야 할지 모르겠다는 것이다.

유아교육과를 나온 친한 동생이 있다. 전문학과를 나와서인지 아이를 다

루는 게 남다르다. 집에서 요리 수업도 해주고, 다양한 놀이로 아이와 잘 놀아 주기도 한다. 하지만 가끔 잘 놀다 이유 없이 아이가 토라지기도 해서, 딸아이의 마음을 이해하지 못할 때가 있다고 했다. 다들 완벽해 보이고 아이들과도 사이가 좋아 보이는 엄마들이다. 하지만 알고 보면 육아에 대한 고충이 다들 한 가지씩은 있었다.

완벽한 엄마의 기준은 무엇인가? 그 기준은 자신에 달려 있다. 너무 잘 키우려고 애쓰다 보면 엄마도 아이도 둘 다 힘이 든다. 완벽해지려는 엄마의 욕심이 아이를 향한 기대를 만든다. 뭐든 잘하려는, 잘하게 하려는 강박관념은 버리자. 아이는 사랑을 받고 큰다. 완벽한 모습을 보여주기보다는 애쓰지 않고 힘을 뺄 때, 아이들은 더 잘 자랄 수 있다.

03

사소한 일에 목숨 걸지 마라,
웃어넘겨라

예전에 너무 즐겁게 시청했던 TV 프로그램 〈무한도전〉이 있다. 이 방송에서 노홍철은 "행복해서 웃는 게 아니에요, 웃어서 행복한 거예요."라는 말을 자주 하였다. 웃음은 진지함을 유쾌함으로 만드는 마력이다.

남편과 주말에 뭘 할까 고민했다. 코로나로 인해 외출도 어렵고, 집에서 고기를 구워 먹기로 했다. 나름 분위기를 내기 위해, 인터넷으로 1인용 화로를 샀다. 아이들을 재우고, 아이들이 깨지 않게 반대쪽 작은 방에 테이블을 옮겼다.

테이블 위에 있는 생수가 눈에 띄었다. 목이 너무 말라, 물을 한 모금 먹으려 했다. 하지만 남편은 그 생수가 1주일 넘게 있었다며, 먹지 말라고 하였다. 생각해보니, 저번 주에도 봤던 생수통이다. 마시기 찜찜해서 정수기 물을 컵에 따라 먹었다. 그러곤 집에 있던 소고기 염통과 양곱창을 세팅했다. 조명을 은은하게 비춰 분위기도 냈다. 좋아하는 음악도 잔잔하게 틀어놓았다.

고체연료에 불을 붙이고, 불이 올라오자 화로에 고기를 구웠다. "치익, 치익." 소리를 내며 불이 타올랐다. 생각보다 불이 세서 놀랐다. 다 익은 고기 한 점과 소주 한잔을 기울였다. 그렇게 고기를 구워 먹고 있었다. 금방 화로에 있던 고체연료가 다 닳았다. 곧이어 불이 꺼졌다.

다시 고체연료에 불을 붙이는 중이었다. "이러다 집에 불나는 거 아냐?" 라며 남편은 농담을 던졌다. "아, 오빠 농담이라도 그런 무서운 소리 하지 마. 진짜 불나면 어떡해." 하고 말하는 중이었다. 화로가 균형이 맞지 않아 기우뚱거리더니, 불이 붙은 고체연료가 바닥에 굴러 떨어졌다.

나는 순간 얼음이 되었다. 떨어진 고체연료가 방바닥 위에서 타고 있었다. 정신을 차리고, 내가 먹으려고 했던 생수통을 열었다. 그러곤 타고 있는 고체연료를 향해서 뿌려댔다. 다행히 불은 "치지직." 하고 금세 꺼졌다.

"진짜, 아까 그런 농담해서 큰일 날 뻔했잖아. 근데 우리, 이런 상황 좀 웃기지 않아?"라며 말했다. 남편은 정말 철이 없다는 듯 나를 쳐다봤다. 우리 둘은 웃음이 터졌다. 그리고 방바닥은 불이 언제 붙었냐는 듯 멀쩡했다. 그렇게 우리는 남은 술잔을 기울이며, 농담을 주고받았다. 그날 저녁은 그렇게 마무리가 되었다.

기분이 다운되거나 우울할 때, 아이들의 웃는 모습을 보며 많은 위로를 받는다. 아이들의 웃는 얼굴은 그 어떤 모습보다도 아름답다. 오늘은 비눗물이 든 총을 들고 하늘을 향해 비눗방울을 쏴주었다. 하늘에서 내려오는 비눗방울을 보고 아이들은 신기해한다. 너무 기분이 좋아 비눗방울을 따라 다닌다. "꺄악~꺄악!" 하며 말이다. 기분이 좋아 빙글빙글 돌기도 하고, 싱글벙글 웃기도 한다.

아이들 웃음소리는 언제 들어도 기분이 좋다. 순수한 웃음은 사람을 명랑하게 만든다. 코로나로 인해 어디 다니지도 못하는 상황이다. 집에만 있으니 답답하다. 육아로 힘들 때도 있다. 하지만 생각을 달리하니, 재밌는 상황이 연출되었다.

남편에게 영상통화를 걸었다. 아빠의 모습이 핸드폰 영상에 보이니, 무척 반가워한다. "'이쁘' 하고 말해봐, 아빠!"라며 아이들을 보고 남편은 말을 했다. 큰아이가 아빠를 바라보며 입을 뻐끔뻐끔 움직인다. 이내 아주 큰 소리로 "엄마!" 이러는 것이다.

남편은 웃으면서 "아니 엄마라고 하지 말고 아빠라고. 아빠~ 해봐." 하고 다시 말하였다. 그랬더니 잠시 후 더 큰 소리로 아주 또렷하게 "엄마!"라고 하더니 "헤헤 헤헤" 웃는다. 자기가 생각해도 웃긴 모양이다. 그 이후에도 아빠만 보면 아주 또렷하게 "엄마!"라고 말하며 박장대소를 한다. 아빠에게 장난을 거는 것이다. 해맑게 웃는 모습이 너무 귀엽다.

이번엔 커튼 뒤에 숨어서 숨바꼭질 놀이를 한다. 커튼 뒤에 숨어 있는 아이의 모습이 눈에 띈다. 커튼 밖에 빼꼼 나와 있는 발가락을 보고 있자니 웃음이 나온다. 뻔히 다 보이지만, 안 보이는 척을 해야 한다. "아니, 우리 아기가 어디 갔지? 어디 갔지? 안 보이네." 하고 말이다. 그러니 잠시 후 "짠!" 하며 달려 나온다. "어머 우리 아기 여기 있었구나! 엄마는 안 보여서 몰랐네!" 하고 말을 해주니 너무 신나 팔짝팔짝 뛴다.

작은아이도 다가와 커튼 뒤에 숨더니 큰아이와 작은아이 둘이서 서로 숨바꼭질을 한다. "꺄~꺄." 하며 둘은 커튼 뒤에 들어갔다 나오기를 반복한다. 그런 모습을 보고 있자니 절로 흐뭇한 미소가 지어진다.

'행복은 멀리 있지 않구나.'

잘 놀고 잘 웃는 모습을 보니 행복한 마음이 드는 순간이었다.

아이들이 뛰어다니면서, 자주 넘어지는 일이 발생한다. 그러면, 아프다고 '엉엉.' 우는 소리를 낸다. 봐서 심하게 다치지 않으면 다가가서 "호호." 불어주고는 하이톤의 목소리를 내며, "괜찮니?" 하고 물으면 씨익 웃는 아이들이다. 아파서 울려고 하다가 엄마가 대수롭지 않게 대하니, 그냥 웃어넘기는 아이들이었다.

며칠 전에는 둘이서 댄스배틀이 붙었다. 〈생일 축하합니다〉 노래에 맞춰 두 아이는 춤을 추기 시작했다. 큰아이는 노래에 맞춰 어깨를 양쪽으로 흔들며 무릎을 굽혔다 펴기를 반복한다. 작은아이는 군인들이 추는 댄스를 선보였다. 고사리 같은 손을 골반 위에 올려놓고 다리를 벌리고는 양쪽으로 왔다 갔다 리듬을 탄다. 곧이어 허리를 앞뒤로 흔들어 댄다.

박자를 맞추며 춤을 추는 모습을 보니 절로 흥겨워진다. 둘이 요란하게 춤추는 모습을 보며, 선생님들과 함께 다 같이 웃음이 터져 버렸다. 명랑하고 활기찬 아이들의 모습에 절로 웃음이 나는 것이다.

"자녀들이 즐거워하고 큰 소리로 웃도록 유도하십시오. 마음에서 우러난 웃음은 가슴을 확장 시키고 혈액이 힘차게 순환하도록 만듭니다. 기분 좋은 웃음이 최고입니다."

오리슨 스웨트미든의 『행복하다고 외처라』의 한 내목이나.

〈헬스조선 건강톡톡〉의 포스트 '연구를 통해 밝혀진, 웃음의 9가지 건강 효과'를 살펴보면 다음과 같다. 여러 연구를 통해 밝혀진 웃음의 효과이다. 첫 번째, 스트레스 호르몬을 줄여주고, 혈액 순환이 잘 되게 도와준다. 두 번째, 세로토닌의 호르몬이 나와 통증을 덜 느끼도록 도와준다. 세 번째, 신진대사를 원활하게 하여 칼로리 소모에 도움이 된다. 네 번째, 세로토닌과 도파민과 같은 기분 좋은 호르몬이 나와 우울감을 감소시켜준다. 다섯 번째, 매일 15초씩만 웃어도 수명이 연장되는 효과가 있다. 여섯 번째, 웃을 때 깊은 호흡으로 산소를 들이마셔 폐활량 증가에 도움이 된다. 일곱 번째, 부교감 신경이 항진돼 소화 효소를 분비시켜준다. 그에 따른 소화 기능향상을 기대할 수 있다. 여덟 번째, NK세포를 활성화해 면역력 강화에 도움이 된다. 아홉 번째, 231개의 근육이 움직이고, 복부에 있는 근육운동에도 도움이 된다.

'웃으면 복이 온다'는 말이 있듯, 매일 웃으며 보낼 수 있는 하루를 보내자. 무슨 일이든 심각하게 생각하기보다는 웃어넘기자. 미소와 웃음은 다른 사람에게 주는 선물이다. 게다가 돈도 들지 않는다. 오늘 하루 아이를 향해 마음껏 웃어주자. 그러면 아이들도 밝은 미소로 화답할 것이다.

아이는 부모의
전부를 보고 배운다

"부모는 아이의 거울이다."라는 말이 있다. 아이들이 태어나면서 생존을 위한 능력 중 하나가 '따라 하기'이다. 즉 모방능력을 갖추고 태어나는 것이라고 한다. 아이의 행동을 살펴보면 평상시 부모의 행동을 예측할 수 있다.

남편은 아이들이 인사성이 밝은 아이로 컸으면 좋겠다고 했다. 남편 역시 인사성이 밝은 편이다. 돌봄 선생님이 오실 때면 내가 먼저 인사를 밝게 하려고 노력을 한다. 그래야 그 모습을 아이들이 보고 따라 하기 때문이다.

『핑크퐁 사운드북』을 펼쳤다. 노래가 흘러나온다. "하하하 호호호 나는 인사왕. 배꼽 인사, 안녕하세요." 하는 노래와 함께 아이들도 배꼽에 손을 살며시 얹고 고개를 숙이며 율동을 한다. 책을 보며 인사 율동을 해서인지, 아이들은 인사를 곧잘 한다.

'띵동.' 하고 초인종이 소리가 들린다. 아이들은 뛰어가 선생님을 마중 나간다. 선생님이 현관문에 들어섰다. "안녕하세요. 자, 선생님께 배꼽 인사, 안녕하세요. 해야지." 하면 손을 배꼽 위에 올려놓고 고개를 떨구며 인사를 한다. 그 모습이 대견하고 뿌듯하다.

엘리베이터를 탔다. 옆집에 사는 아저씨와 아주머니를 마주쳤다. 옆집 아저씨가 "안녕?" 하고 인사를 하신다. 그 모습을 보고 손을 흔들며 반갑게 인사를 해주는 아이들이다. "하하, 인사 잘하네." 하며 호탕하게 아저씨가 웃는다. 우리 아이들을 무척이나 귀여워해줘서 감사하다.

길을 지나갈 때도 아이들은 사람들을 만나면 손을 흔들며 인사를 한다. 남편과 나는 "네가 연예인이냐?"라며 우스갯소리를 했다. 인사를 하는 모습이 너무 귀엽고 사랑스럽다. 지나가던 아주머니 아저씨들도 그런 모습이 예쁘다며 함께 인사를 해주신다.

선생님들과 아이들과 한창 놀고 있을 때였다. 작은아이가 갑자기 뒷짐을 지면서 저벅저벅 걷는 것이다. 뒷짐을 지는 모습은 처음 보는 모습이었다. 다들 작은아이를 쳐다보며 "어머, 그건 또 어디서 보고 배웠어?" 하며 미소를 짓는다. 사실은 그날 아침, 내가 스트레칭을 하고 뒷짐을 지면서 베란다를 구경하고 있었다. 잠깐 사이에 한 내 행동을 보고 따라 한 것이었다. 아이들이 삭은 행동이나, 사소한 것 하나까지 따라 하니 놀라울 따름이었다.

거실에 있는 머리카락을 치우기 위해, 돌돌이 테이프를 이용해 머리카락을 제거하고 있을 때였다. 아이들이 달려들더니 서로 돌돌이 테이프를 밀겠다고 싸움이 붙었다. 결국 큰아이의 차지가 되었다. 가르쳐주지 않아도, 돌돌이 테이프의 밀대를 잡아 들더니 열심히 밀고 다닌다. 그동안 청소하는 모습을 쳐다보더니 따라 하는 것이다.

그뿐만이 아니었다. 정수기에 물을 받아 시원하게 먹은 이후, 나도 모르게 "카!" 하고 있었다. 그 순간 작은아이와 눈이 마주쳤다. 재밌다는 듯 나를 초롱초롱한 눈빛으로 쳐다보고 있었다. 속으로 '이모습도 나중에 따라 하려나?' 하고 생각했다.

그리고 다음 날이 되었다. 작은방에서 아이들과 크레파스를 이용해 그림을 그리고 있었다. 그런데 작은아이가 크레파스를 입에 갔다 대고, 물 먹는 시늉을 하더니 "카!" 하는 것이다. 그 모습을 보고 "뭐야, 엄마 물 먹는 모습 보고 따라 하는 거야?" 했더니, 알아들었는지 계속 크레파스를 마시는 척 '카, 카,' 하며 돌아다닌다. 그러더니 곧이어 식탁으로 나를 데리고 가 정수기를 가리킨다.

나는 돌봄 선생님에게 말을 걸었다. "아이들이 엄마 모습을 다 따라 하는 것 같아요. 어제 제가 물 먹는 모습을 보더니 그걸 따라 하는 거 있죠?" 하고 말했다. 그랬더니 선생님께서 "아이들이 물통을 가져와 물통을 부딪치며 짠 한 적도 있어요."라며 대답했다. 어머나, 남편과 주말에 술 한잔 기울이는 모습을 보고 따라 한 것이다. 왠지 뜨끔했다. 남편에게도 말을 해주었다. "애들이 우리 행동을 보고 다 따라 하는 것 같아. 애들 있을 때는 말이랑 행동을 조심해야겠어." 남편도 알겠다고 했다.

남편은 어렸을 때, 아버지가 회식하고 가끔 술에 취하신 채 집에 들어오셨다고 한다. 그때 곤히 자는 자신을 아버지는 깨웠다고 했다. 당시에 그런 모습을 보면서 너무 귀찮고 싫다고 생각했다고 한다. 하지만 지금은 그 마음이 이해가 된다고 했다. 남편이 회사를 마치고 집에 올 때면, 아이들은 잠을 자고 있다. 그러면, 아이들이 보고 싶기도 하고, 궁금하기도 해서 깨우고 싶다는 것이다. 자고 있으면 보고 싶고, 깨어 있을 때는 빨리 잤으면 하는 것이 부모 마음인가 보다.

나는 손이 거칠고 못생겨서 항상 불만이었다. 아이를 낳기 전에 네일을 받을 때도, 나와 잘 어울리는 색깔이 따로 있었다. 파스텔의 은은한 색깔은 나와는 어울리지 않았다. 그날은 빨강색 프렌치 네일을 하기로 했다. 하고 나니 만족스러웠다. 나의 손이 네일로 인해 한층 밝아 보였기 때문이다.

보름 정도가 지났다. 엄마와 만나기로 했다. 이런저런 대화를 하던 중 무심코 엄마 손을 보았다. 너무 신기해서 "엄마, 이거 엄마가 한 거야?" 하고 물었다. "아니, 언니랑 네일 샵 가서 받고 왔지." 하는 것이었다. 엄마의 손을 보니, 손의 모양과 네일의 색상까지 나와 닮아 있었다.

아이들 손톱은 일주일 사이에 또 자라 있었다. 내가 방에 들어가 잠깐 쉬고 있는 사이에 남편은 아이들 손톱을 다 잘랐다고 말했다. 손톱을 보니 아주 바짝 잘려나가 있었다.

아이들이 신생아였을 때부터 나는 아이들 손톱이 너무 작아 손톱을 자르기 무서웠다. 혹여 잘못 자를까 봐 걱정되었기 때문이다. 그래서 남편에게 잘라 달라고 부탁했다. 남편은 겁도 없이 조그마한 손톱을 잘도 잘랐다. 그래서인지 지금도 아이의 손톱을 잘도 자른다.

아버님 역시 남편이 어렸을 때 손톱을 잘 잘라주었다고 한다. 자고 일어나

보면, 손톱이 잘려져 있었다고 했다. 그런 모습을 보고 "아빠, 나 손톱 기르는 중인데 왜 자르셨어요?" 하고 반박하기도 했다고 하였다. 그런데 다 크고 나니, 자기가 아이들의 손톱을 잘라주면서 그런 아버지의 모습이 떠오른다는 것이다.

아이는 부모의 삶과 행동을 보며 따라 하고, 경험에 의해 행동을 결정한다. 때론 내가 알지 못하는 나의 모습을 아이들이 더 잘 아는 것 같다. '세 살 버릇 여든까지 간다'는 속담이 있듯 나에게도 안 좋은 습관이 있다. 나의 행동을 아이가 하는 모습을 보고 '아차!' 하고 깨달을 때도 있다. 앞으로 이런 나쁜 습관은 서서히 고쳐가도록 할 것이다.

아이에게 이것저것 가르치기 전에, 내가 어떤 모습을 보여줘야 할지가 더 중요한 것 같다. 책을 잘 읽는 아이로 키우고 싶으면 책 읽는 모습을 보여주고, 인사성이 밝은 아이로 키우고 싶으면 인사를 잘하는 모습을 보여주면 되는 것이다. 자식들을 가르치기 전에 부모가 먼저 솔선수범을 보여야 한다. 부모는 아이에게 살아 있는 교육서 같은 존재이기 때문이다.

05

엄마의 욕구와 감정이
먼저다

'지금 내가 느끼는 감정은 뭐지?'

'내가 왜 이렇게 불안한 거지?'

'왜 울컥 화가 올라오지?'

아이들은 엄마의 감정을 먹고 자란다고 한다. 수많은 질문을 하고 자신을 탐색해가야 한다. 그래야만 답을 찾을 수 있고, 해결할 수 있는 능력이 생기기 때문이다.

엄마의 사랑을 무척이나 많이 받은 심순덕 시인은 31살이 되어 어머니가 돌아가셨다. 그리움에 사무쳐, 심순덕 시인은 「엄마는 그래도 되는 줄 알았습니다」라는 시를 썼다고 한다. 시의 내용을 살펴보면, 엄마는 하루 종일 밭에서 일해도 되는 줄 알았고, 아버지가 속 썩여도 전혀 문제없는 그런 엄마인 줄 알았다. 하지만 외할머니가 보고 싶다며 방구석에서 울고 계신 엄마를 본 이후로 엄마는 그러면 안 되는 것을 깨달았다는 내용의 시였다.

우리는 왜 엄마의 희생을 당연하다고 생각하는지…. 엄마도 욕구와 감정을 무시한 채 살면 안 되는 것이다. 엄마도 사람이다. 욕구와 감정을 억누르며 희생을 치러야 한다는 낡은 사고방식을 벗어나야 한다.

내가 아이들에게 화가 날 때를 생각해봤다. 내가 무언가를 하려고 할 때, 아이가 나를 붙잡고, 놔주지 않을 때가 많았다. 밀린 설거지를 해야 할 때, 화장실에 가야 할 때, 책도 읽고 글도 써야 할 때처럼 말이다. 그런 상황에서 아이가 안아 달라고 보채거나 울면, 화가 나는 것이다.

아침에 일어나, 아이들과 놀고 있을 때였다. 잠시의 시간을 틈타, 스마트폰을 켜고 주식 창을 펼쳐보았다. 최근 주식 시장이 유동성 장세로 인해 활황이다. 오늘은 코스피 지수가 3000포인트가 넘어섰다. 주위에서 주식으로 돈을 벌었다는 사람들이 늘어났다. 하지만 내 주식 계좌를 보니 수익이 아닌

손실을 보고 있었다.

작년 3월 코로나로 인해 주가가 엄청나게 떨어졌다. 나는 작년에 코스피가 바닥을 치고 약간의 반등이 올라오자, 다시 떨어질 것 같아 하락에 베팅하는 코스피 인버스를 매수한 것이다. 이런, 주식으로 남들 다 돈을 벌고 있을 때, 내 계좌는 손실이 나니 기분이 안 좋을 터였다.

잠시 후, 아이들이 엄마에게 다가와 놀아달라고 한다. 평상시라면, 재밌게 놀아줄 터였는데, 오늘 주식 창을 보고 나니 그런 마음이 들지 않는다. 시큰둥하게 "저리 가서 놀아."라고 말하였다. 관심을 두지 않으니, 아이들이 서운해한다. 내 손을 이끌며 작은방에 데려가 놀아달라고 한다. 손실을 생각하니 기분이 언짢다. 반응이 없는 엄마의 모습을 보니, 더욱 칭얼거린다.

약간의 짜증이 올라오려는 찰나였다. 생각해보니 애들은 잘못한 게 없다. 그냥 놀아달라고 했을 뿐이다. '내가 왜 아이들한테 짜증을 내려고 하지? 아이들이 잘못한 것이 아닌데? 내 기분 때문에 아이들의 요구를 들어주지 않을 필요는 없다.'라고 생각했다.

그리고 며칠이 지났다. 코스피가 3100포인트가 지나 떨어질 기미가 보이지 않았다. 그래서 인버스를 정리하기로 했다. 그러곤 대형주 위주의 주식을 몇

주 샀다. 헐, 그런데 이게 웬일인가. 내가 산 다음 날부터 주식 시장에 조정이 찾아왔다. 참으로 미치고 날뛸 노릇이다. 인버스는 오르고, 내가 산 주식은 일제히 떨어졌다.

'며칠만 더 참을걸…'

이런 생각이 미치니 속에서는 열불이 났다. 당연히 육아에 집중이 되지 않았다. 책도 건성건성 읽어주게 되었다. 내 마음이 주식에 가 있으니, 아이들에게 온전히 집중할 수가 없었다.

나의 감정은 지난 일에 대한 후회였다. 하지만, 지난 일을 다시 되돌릴 수 없다. 또 나를 자책한다고 일이 해결되지 않는다는 걸 깨우쳤다. 이런 생각이 미치니, 다시 정신이 든다. 주식에 대해선 당분간 잊기로 했다. 다시 아이들에게 집중하기로 했다.

내가 기분이 나쁘면 그 감정은 다시 아이에게로 고스란히 전달된다. 내 아이에게 나쁜 감정들을 분출시키면, 아이에게도 분출되었던 감정이 쌓여간다. 자신이 옳지 못한 대우를 받았어도 그런 대우를 당연하게 생각한다. 그렇게 되면 다른 사람에 대한 신뢰도가 떨어진다.

엄마는 자신의 욕구와 감정이 무엇인지, 먼저 알아차려야 한다. 엄마의 욕구와 감정이 무엇인지 알지 못하면, 당연히 아이의 욕구와 감정을 만족시켜 줄 수 없다. 부모 또한 많은 일을 참고 부정적인 감정을 처리하지 못해, 가까운 사람들에게 서운함과 스트레스의 감정을 본인도 모른 채 투척한다.

06

엄마가 행복하면
아이는 알아서 잘 자란다

엄마는 자신의 행복을 가장 우선시해야 한다. 엄마가 행복해야 아이에게 도 행복한 마음이 옮겨간다. 아이가 세상에 나오고 기쁜 순간은 잠시, 매일 반복되는 고단한 하루하루를 보내지 않았던가? 처음 하는 육아가 어려운 건 당연하다.

스님과 즉석에서 묻고 답하는 법륜스님의 〈즉문즉설〉이란 강연 프로그램 이 있었다. 질문자가 나와 '아이를 어떻게 키울지에 대한 육아에 대한 고민'을 물어보았다. 법륜스님은 이렇게 말씀하신다.

"아이를 가진 엄마가 행복하게 살면 된다. 엄마가 아이 키우는 걸 힘들어하면 결국 그 스트레스는 아이에게 전이된다. 그러면 아이에게 나쁜 영향을 준다. 조그만 아이 때문에 엄마가 힘들다고 생각하면 아이가 벌써 엄마를 힘들게 하니까 불효이다. 불효자가 어떻게 훌륭한 사람이 되겠느냐. 그러니까 엄마가 아이를 기울 때 육체적으로 조금 힘들어도 아이 키우는게 재미가 있고, 네가 있어서 행복하다. 이러한 마음으로 아이를 키워야 한다. 아이가 엄마를 행복하게 했기 때문에 조그만 아이가 벌써 효자 노릇을 하는 것이다. 그러니까 아이는 잘 크게 되어 있다. 가장 중요한 것은 엄마가 큰 스트레스 없이 행복하게 사는 게 가장 중요하다."

엄마가 행복한 육아를 하려면 어떻게 해야 할까? 아이와 하루 종일 붙어 있는 것이 행복한 육아는 아니다. 아이들이 어려서는 화장실조차 갈 수 없을 정도로 아이와 떨어져 있기가 힘들다. 하지만 어느 정도 자라면 엄마에게도 여유의 시간이 생긴다.

아이가 혼자 놀 때도 있다. 간식을 챙겨주면 스스로 먹기도 한다. 그럴 때 과도한 관심을 두기보다는 혼자서 해결할 수 있도록 거리를 두고 지켜봐주는 것도 좋다. 아이들이 스스로 놀고 있을 때 나는 관여하지 않는다. 오히려 엄마의 관심이 방해될 수 있기 때문이다.

나는 '자신만의 시간을 확보하도록 하자'고 말하고 싶다. 많은 엄마가 혼자서 육아를 담당하려고 한다. 하지만 자기만의 시간을 만들어 각자의 공간에서 자유롭게 지내는 것도 필요하다. 육아가 힘에 부쳐 스트레스와 우울증으로 이어진다면, 주변 사람들에게 도움을 요청하는 것도 괜찮다. 혹여 도와줄 사람이 없다면 어린이집과 같은 기관에 맡겨 보는 것도 하나의 방법이다.

나 역시 돌봄 선생님이 오시면서 나만의 시간이 확보되었다. 그러자 우울감과 불안감이 조금씩 해소되었다. 낮에 혼자 두 아이를 돌보다가 선생님이 오시니 훨씬 기분이 좋아졌다. 선생님과 대화도 나누고, 집안일도 하며, 그동안 못했던 밀린 일도 할 수 있게 되었다. 산책하러 나가 햇볕도 쬐고, 책도 읽고, 글을 쓰며 마음의 여유를 되찾았다.

내가 행복한 마음이 드니 아이에게도 상냥하게 대할 수 있었다. 내가 행복해지니 아이들도 행복해하고, 남편과도 사이가 좋아졌다. 아이를 재우고, 1년 3개월 만에 처음으로 남편과 밤에 산책하러 나갔다. 분리 수면을 한 후, CCTV로 아이들의 상태를 확인할 수 있었기에 가능한 일이었다. 남편의 손을 꼭 붙잡고 네온사인이 반짝이는 도시를 걸어갔다.

이렇게 함께 산책하니 연애를 했던 때가 떠올랐다. 예전엔 이렇게 두 손 꼭 잡고 참 많이도 돌아다녔는데, 아이들이 자고 있어 오랜 시간 걷지는 못했다.

하지만, 그날 밤은 나에겐 뜻깊었다.

'내 품 안에 있을 때만 자식이다.'라는 말이 있다. 언젠간 아이들도 내 품을 떠나 독립하게 된다. 아이에게 과도한 관심과 집착을 하는 부모는 그런 상황이 되면 당황하게 된다. 그럴 때를 대비해, 미리 마음의 준비를 해야 한다.

아이에게 의존하지 않으려면, 자신의 삶을 잘 살아가는 모습을 보여야 한다. 엄마와 아내의 역할 외에 자신만의 생활이 있기 마련이다. 아이들은 그런 모습을 보고 배운다. 이런 부모에게 아이는 기대려하거나 의존하지 않는다. 각자의 인생을 재미있게 살아가는 것이다.

혹여 엄마가 자기보다 아이들을 더 중요하게 생각하면, 아이들에게도 본인보다 다른 사람을 더 중요하게 생각하도록 키우는 셈이다. 부모이자 엄마라는 이유로 자신을 희생해서는 안 된다. 하루 종일 육아에 매달려, 내 존재는 아무것도 아닌 듯한 상황들이 있었다. 내가 이렇게 글을 쓰게 된 이유도 내 삶을 잘 살아가는 모습을 아이들에게 보여주고 싶기 때문이다.

그리고 너무 완벽하게 키우려고 하지 말자. 자신의 아이가 누구보다 훌륭하게 컸으면 하는 엄마들의 바람은 다 같을 것이다. 하지만 과도한 욕심 때문에 아이에게 지나친 기대를 하고, 기대에 미치지 못하면 큰 상실감을 느낀다.

아이 역시 이런 기대에 부응하지 못할까 불안해한다.

아이들은 독립적인 존재이다. 아이들 스스로 성취하고 이루어 나갈 수 있도록 응원해주자. 육아를 하다 보면, 문득 힘든 상황이 생길 때도 있다. 그러면 너무 진지하게 생각하지 말자. 무기력해지고 우울한 마음이 들 때면 맛있는 음식을 먹고 휴식을 취한다.

오늘 하루는 평화로운 날이었다. 나도 기분이 좋았고, 아이들도 그러했다. 아이들을 재우기 위해 누웠다. 작은아이가 쥐돌이를 안고 나에게 다가왔다. "엄마."라고 부르며 나를 토닥토닥한다. "응? 엄마 불렀어?" 하며 눈을 맞추었다. 자기 전 나와 대화를 하고 싶은 것 같았다. "우리 아기, 오늘 재밌게 잘 놀았어?"라고 물었다. 작은아이는 알아듣지 못하는 말로 웅얼웅얼한다. 자기 딴에는 열심히 설명하는 듯했다. 그런 모습이 귀여웠다. 작은아이의 머리를 사랑스럽게 쓰다듬어 줬다.

큰아이가 부러웠는지 나에게 다가온다. 자기에게도 관심을 가져달라는 것이다. 온몸을 꾹꾹 눌러주기도 하고, 쓰다듬으면서 마사지를 해주었다. 간지러운지 깔깔대며 웃는다. 그리고 귀에 대고 "우리 아가 사랑해, 엄마에게 와줘서 고마워. 잘 먹고 잘 놀고 잘 자 줘서 고마워." 하고 말하였다. 그 말을 듣고 기분이 좋은지 눈웃음을 친다. 그리고 두 아이 모두 금방 잠이 들었다.

〈헬스조선〉의 "엄마의 행복 아이 뇌 발달 돕는다"라는 기사를 살펴보면, 미국에 있는 케임브리지대 연구팀은 엄마들이 아이의 앞에서 긍적적인 표현과 부정적인 표현을 보여주고 엄마와 아이의 뇌파가 얼마나 비슷한지를 관찰했다고 한다. 그 결과 엄마가 행복할 때 엄마와 아이의 뇌파가 서로 비슷해지는 결과가 나타났다. 히지만, 엄미가 우울해하면 임마와 아이의 뇌파는 달라졌다. 엄마와 아이의 뇌파가 다를수록 학습 능력은 떨어진다고 한다. 그러니 긍정적인 감정이 아이와의 의사소통과 학습 능력에도 훨씬 도움이 된다.

아이들은 원래 본인이 행복하다고 생각하며 태어난다. 즐겁고 행복한 게 당연하다고 생각하는 아이들이다. 자라면서 아이의 심리는 키우는 사람을 따라서 자라게 된다고 한다. 엄마가 행복해하면 아이는 알아서 잘 자란다. 자기 전 눈을 맞추며 사랑한다고 말을 해주자. 매일 웃음이 끊이지 않는 가정에서 자란 아이들은 누구보다도 해맑고 건강하게 자랄 것이다.

07

당신은 충분히
잘하고 있다

각종 미디어와 책과 SNS를 보면 왜 이렇게 능력 많은 엄마들이 많은 건지, 요리도 잘하고, 교육도 잘 하고, 나만 대충대충 키우는 건 아닌지, '왜 우리 아이들 옷은 뭐가 묻어 이렇게 꼬질꼬질한 건지, 아름다운 육아는 어디 가고 힘들기만 한 건지, 집안일은 해도 티 나지도 않고, 내 밥 차려 먹기도 귀찮기만 한 건지, 잘 키우고 있는 건 맞는지, 잘 놀아주고 있는 건 맞는지, 아이가 서운해하는 건 아닌지, 아이가 즐거워하는 건 맞는지, 왜 나는 씻고 나와도 로션 바를 시간이 없는지, 놀아주려고 하면 왜 이렇게 피곤한 것인지, 아이들이 자고 있을 땐 왜 이렇게 예쁜 것인지….

육아하면서 하루에 오만가지 생각이 올라온다. 내가 아이를 잘 키우고 있는 건지 의심이 들 때도 많다. 아이에게 음식을 챙겨주고, 아이의 기저귀를 갈아 주고, 아이의 옷을 깨끗하게 빨고, 아이를 목욕시키고, 아이와 눈을 맞추고, 아이의 잠자리가 불편하지 않은지 살펴보았다면 이미 당신은 충분히 잘하고 있는 것이다.

작년부터 코로나19 사태로 인해, 밖에 외출하기도 힘든 상황이다. 집에 있는 시간이 많아지고, 가정의 육아 비율이 높아지면서 육아로 인해 지치고 스트레스를 느끼는 이들이 더욱 늘어났다. 지금 육아를 하면서 힘들고 지쳐 있는 엄마들도 많을 것이다. 실제로 많은 엄마들이 육아로 인해, 피로를 많이 느낀다고 한다.

아이들은 예쁘고 사랑스러운 존재이다. 엄마로서, 아이를 보살피는 것은 당연하다. 하지만, 아이와 잘 놀아줘야 한다는 조바심을 버리고, 의무에 끌려다니지 말아야 한다. 그래야 육아 스트레스에서 벗어날 수 있다.

TV에서 〈금쪽같은 내새끼〉라는 프로그램이 방영하고 있었다. 금쪽이 엄마는 13살의 딸과 9살의 아들을 키우고 있었다. 4년 전 아빠와는 이혼했고, 아들에게선 언어폭력이 나오고 있었다. 엄마는 매일 아이들의 식사를 챙기고 출근했다. 점심시간을 틈타 아이들과의 시간을 보내고 있었다. 둘째 아들은 유난히 거친 말들을 했고, 끊임없이 욕을 하기도 했다. 아들은 어른들에게 적대적인 모습을 보인다며 사소한 것에 반응을 보인다고 했다. 아이들에게는 따뜻한 사랑이 필요했다.

아빠와 이혼을 했을 때, 엄마는 금쪽이들을 바로 데려오지 못했다고 한다. 그래서인지 둘째는 엄마에게 다소 과격한 말로 분노를 표출했다. 가족에 대한 상처가 눈에 보인다며 상처를 보고 시작을 달리해야 한다고 오은영 박사는 조언했다. 금쪽이 엄마는 완벽한 성향을 가지고 있다고 했다. 아이들에게 너무 선생님처럼 대하기도 한다는 것이다. 아이들이 이런 점이 상처가 될 수도 있다고 했다.

오은영 박사는 칭찬스티커를 포옹하기와 같은 사랑의 스티커로 바꾸었다. 가족 모두 상처가 있기에 상처를 드러내는 대화를 하기보다 아이를 존중하는 대화법을 알려줬다. 엄마가 그리웠을 아이들에게 이불을 같이 덮고 자라는 처방도 내려줬다. 금쪽이 엄마는 텐트를 치고 캠핑 분위기 내며 아이들과 함께했다.

TV를 보며 나도 모르게 눈물 흘릴 때도 있었다. 아이들과 싸우며 소리 지르고 가슴 아파하는 감정이 나에게도 전해졌기 때문이다. 엄마의 사랑이 필요한 아이들이었다. 따뜻하게 대해주고 포옹해주니 아이들의 얼굴에서 미소가 흘러나왔다.

나에게도 노력 끝에 쌍둥이 아이들이 찾아왔다. 설레고 너무 기뻤다. 아이들과 행복한 나날을 꿈꾸었다. 아이들과 매일 재밌는 하루를 보낼 수 있을 것 같았다. 부푼 기대도 잠시, 아이들을 낳자마자 힘듦의 연속이었다. 하루의 시작과 끝은 기저귀 갈고, 분유를 먹이고, 재우기의 반복이었다. 나는 잠을 잘 수도 없고 제대로 먹을 수도 없었다. 화장실 한 번 가기 힘들었다.

두 아이를 키우는 현실 육아로 인해, 나는 점차 지치고 우울해졌다. 호르몬 변화로 인한 우울증인지 너무 많은 일로 인한 번아웃 증후군인지, 우울증과 번아웃 증후군을 왔다 갔다 하며 줄타기를 하고 있었다. 아이들 육아에 집중하는 동안, 나라는 사람은 없어져 버린 것만 같았다. 그렇다고 아이들의 욕구를 다 만족시켜줄 수도 없었다. 그러면서 죄책감과 좌절감을 맛보았다.

나에게 이러한 감정이 생길 줄 생각도 못 했었다. 워낙에 털털한 성격이었기 때문이다. 하지만 체력이 바닥나고, 사람의 기본욕구가 채워지지 않으니 육아 스트레스는 쌓여만 갔다. 남편과의 다툼도 잦아지고, 내가 아이를 잘 키울 수 있을지 불안감도 밀려왔다. 나만 빼고 다른 사람들은 다 행복해 보였다.

그렇게 힘든 나날이 지나가고 있었다. 다행히 아이들이 커가면서 아이도 나도 조금씩 좋아졌다. 점점 수유텀도 늘어나고 자는 시간도 늘어났다. 다른 사람에게 도움을 요청하기도 했다. 나만의 시간도 생기고, 내가 좋아하는 일도 할 수 있게 되었다. 시간이 지나자 불안감과 우울감을 느끼는 날보다, 즐겁게 웃는 날이 더 많아졌다. 지금은 가족 모두 행복할 수 있는 행복한 육아를 꿈꾸게 되었다.

아이를 키우며, 고생하는 모든 엄마들에게 지금 충분히 잘하고 있다고 말해주고 싶다. 거울에 비친 내 모습이 꼬질꼬질해도, 살이 다 빠지지 않아 불룩 나온 뱃살도, 신들린 듯 밥 먹는 내 모습을 누가 볼까 창피할 때도, 당신은 그 존재 자체로 누구보다 아름답다. 잠 못 자며 걱정했던 일들도 시간이 지나고 나면 기억조차 나지 않는다. 너무 애쓰지 말고 여유 있는 마음으로 육아를 하자. 그래서 육아 스트레스에서 조금이라도 자유로워지길 바란다.

몇 해 전 돌잔치 초대장이 하나 와있었다. 아이를 낳고 1년이 지났으니 첫 번째 생일에 참석해 주었으면 하는 지인의 문자였다. 알고 지냈던 지인이라 당연히 참석하리라 마음먹었다. '남의 아이들은 빨리 큰다던데…. 벌써 1년이 지났어?' 하는 생각이 들었다.

남편과 함께 준비하고 돌잔치 장소에 들어섰다. 예전에 알고 지낸 친한 친구들도 와 있었다. 식사하고 돌잔치 행사가 진행됐다. 마지막으로 진행자가 엄마 아빠에게 하고 싶은 말을 하라고 했다. 마이크를 든 친한 지인은 눈물을 흘리며 그동안 힘들었던 내용을 말했다. 그 모습을 보던 나도 마음이 찡해져 눈물이 나올 것 같았다. 재미도 있었고 감동도 있었던 돌잔치였다. 행사를 마치고 나온 후 남편은 나에게 말했다. 재밌어야 할 잔치인데 분위기가 너무 슬프지 않냐고 말이다.

그렇게 시간이 지나 우리 아이들 돌잔치 날이 되었다. 아침부터 분주히 움직였다. 메이크업을 마치고 나왔다. 행사가 시작되기 전에 아이들을 재워야 했다. 마침 아이들이 졸려했다. 드레스를 입은 채 큰아이를 안았다. 한참을 안고 자장가를 불러 주니 잠이 들었다.

잠이 든 아이를 5분여 동안 안고 있다가 드레스룸에 있는 조그마한 침대에 눕히려고 내려놨다. 그 순간 눈을 뜨더니 다시 울기 시작했다. 아이 몸 상태가 안 좋으면 그동안 준비했던 정성이 수포로 돌아갈수 있는 상황이다. 나는 더욱 격렬하게 아이를 재우기 위해 고군분투하고 있었다. 하지만 잠이 달아났는지 도통 자려고 하지 않았다. 결국, 재우는 건 포기했다. 작은아이도 졸려했다. 엄마는 포대기를 하고 작은 아이를 재웠다.

30분이 흐르고 행사가 시작됐다. 다행히 아이들은 행사에 잘 참여해주었다. 돌잡이 시간이 됐다. 큰아이는 연필을 집었고, 작은아이는 돈을 집었다. 진행자가 손님들에게 한 말씀 하라고 한다. 남편은 와주신 모든 분에게 감사의 인사를 했다. 그렇게 행사가 마무리될 참이었다.

진행자가 "옆에 있는 어머님에게도 한 말씀 하셔야죠." 하며 마이크를 건넸다. 남편은 당황한 기색을 보이며 마이크를 잡아 들었다. 남편의 눈에 눈물이 맺히더니 눈물이 왈칵하고 쏟아졌다. 남편도 당황했는지 "내가 왜 이러지?" 하며 흐르는 눈물을 닦아 냈다. 그러곤 나에게 "고생했다. 앞으로 더 잘할게." 라고 말하였다.

그 말을 듣자 나도 눈물이 나올 것만 같았다. 그동안 힘들었던 시간이 내 머릿속을 지나갔다. 하지만, 유쾌하고 즐거워야 할 잔치에 울면 안 될 것 같았다. 그래서 다른 즐거운 생각을 했다. 앞에 놓여 있는 꽃병을 쳐다보며 '참 예쁘네…' 하고 말이다. 한편으로는 '아니, 언제는 행사 때 울면 안 된다더니 본인이 우냐….' 이런 생각도 들었다.

그렇게 울음을 참아 내며, 우리의 돌잔치는 마무리되었다. 남편은 일도 하며, 육아도 하고, 나와 싸우기도 해서 마음고생을 많이 한 모양이었다. 그동안 도와주고 고생해준 남편에게 미안하고 고마웠다.

그리고 얼마 전 내 친구에게서 문자가 하나 와있었다. "애들 잘 크고 있지? 시험관하고 나서도 피 검사해?" 하고 말이다. 그래서 피검사도 하고 초음파로도 확인했었던 것 같다며 대답을 해주었다. 그러곤 왜 그러냐며 물으니, "나 인공수정 했는데, 쌍둥이 임신했대…."라는 대답이 돌아왔다.

나는 친구에게 바로 전화를 걸었다. 첫째를 낳은 지 2년 정도가 지났고 이제 둘째를 준비하던 중 인공수정을 했다는 것이다. 근데 쌍둥이를 임신하게 됐다고 한다. 정말 축하할 일인데, 걱정이 앞선다고 말해줬다. 주변에 있는 사람들에게 도움을 많이 받으라며 이런저런 이야기를 나누었다. 입덧으로 힘이 든 그 친구에게 몸조리 잘해서 건강하게 잘 키워나가라고 응원해주고 싶다.